《国家级实验教学示范中心教材》编写组织委员会

主　任：苏育志

副主任：张建华　王正平

委　员（以姓名拼音为序）：

　　　　陈国术　陈胜洲　陈　爽　陈亿新　邓湘舟

　　　　耿新华　刘天穗　尚小琴　苏育志　王正平

　　　　吴惠明　徐常威　徐　敏　张建华　张　平

　　　　周爱菊　邹汉波

国家级实验教学示范中心教材

基础化学实验（Ⅰ）
—— 无机及分析化学实验

吴惠明　徐敏　主编

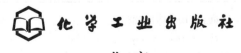
化学工业出版社
·北京·

内 容 提 要

本书是国家级实验教学示范中心教材，全书共分为基本知识和基本操作、实验、附录三大部分。适当增添了一些当代大学化学实验必备的先进仪器的原理和使用方法的介绍；增加了适应于大学低年级开设的多个综合性和设计性的实验内容；结合学科发展，设置了异核、多核和1～3维配合物的合成、组成和结构分析的探究性实验内容。

本教材可作为化学、化学工程与工艺、食品科学与工程、生物科学、生物技术、生物工程、土木工程、建筑环境与设备工程、给排水工程、环境科学等专业的教学用书，也可作为包括化学在内的涵盖理、工、农、医不同专业的本科生的基础化学实验教材。

图书在版编目（CIP）数据

基础化学实验（Ⅰ）——无机及分析化学实验／吴惠明，徐敏主编．—北京：化学工业出版社，2010.6（2024.8重印）
国家级实验教学示范中心教材
ISBN 978-7-122-08255-8

Ⅰ．基… Ⅱ．①吴…②徐… Ⅲ．化学实验-高等学校-教材 Ⅳ．O6-3

中国版本图书馆 CIP 数据核字（2010）第 068872 号

责任编辑：宋林青	文字编辑：李 玥
责任校对：顾淑云	装帧设计：史利平

出版发行　化学工业出版社（北京市东城区青年湖南街13号　邮政编码100011）
印　　装　北京七彩京通数码快印有限公司
787mm×1092mm　1/16　印张 9¼　字数 220 千字　2024 年 8 月北京第 1 版第 8 次印刷

购书咨询：010-64518888　　　　　　　售后服务：010-64518899
网　　址：http://www.cip.com.cn
凡购买本书，如有缺损质量问题，本社销售中心负责调换。

定　价：18.00 元　　　　　　　　　　　　　　　　　　　版权所有　违者必究

前 言

为了配合化学实验教学改革，在广州大学无机化学课程组全体教师的共同努力下，编写了这本适合化学（化学教育、应用化学、科学教育）、化学工程与工艺（精细化工、化工贸易）、食品科学与工程、生物科学、生物技术、生物工程、土木工程、建筑环境与设备工程、给水排水工程、环境科学、环境工程 11 个专业的《无机及分析化学实验》教程。本书也可作为包括化学在内的涵盖理、工、农、医不同专业的本科生的基础化学实验教材。

《无机及分析化学实验》是一门基础的化学实验技能课程，全书内容主要由传统的《无机化学实验》、部分《分析化学实验》并融入适量的《物理化学实验》内容精选组合而成，内容选材详略得当。全书编写力求简明扼要，通俗易懂，既注意紧密联系化学基本理论，同时更加注重该课程是一门独立开设的大学化学实验技能基础课程。

本教材有如下几个方面的特点：

1. 修改和增添了一些当代大学化学实验必备的先进仪器的原理和使用方法的介绍，体现了时代特征。

2. 结合多年的教学经验，对一些经典的实验有针对性地增加了相关的思考题以及重要问题的批注，有利于化学基础薄弱和没有实验经历的学生的学习。

3. 根据实验教学改革的需求，增添了适应于大学低年级开设的多个综合性和设计性实验内容，难度循序渐进，有利于对学生综合素质的培养。

4. 结合学科发展和本学校教师科研的特点，设置了异核、多核和 1～3 维配合物的合成、组成和结构分析的探究性实验内容，培养学生的创新能力。

本书由吴惠明和徐敏主编，吴惠明负责本书中的绪论，实验室的基本常识，实验数据处理，酒精喷灯的使用和玻璃管（棒）等简单加工，由胆矾精制五水硫酸铜，硫酸铜结晶水的测定，硫酸铝钾大晶体的制备及碱式碳酸铜的制备的编写；徐敏负责无机化学实验常用仪器介绍，实验基本操作，由海盐制备试剂级氯化钠，配合物的生成和性质，常见阳离子的分离和鉴定，异核配合物 $[Co(en)_2Cl_2]_3[Fe(C_2O_4)_3] \cdot 4.5H_2O$ 的制备、组成和性能测定，钴（Ⅲ）氨配合物的制备和组成测定及附录的编写；宋龄瑛负责二氧化碳相对分子质量的测定，碘化铅溶度积的测定，ds 区元素、d 区元素，硫酸亚铁铵的制备及组成和纯度分析的编写；梁敏华负责编写滴定操作练习，水溶液中的解离平衡，化学反应速率和活化能的测定，氧化还原反应和电化学，醋酸电离度和电离常数的测定，含铬废水处理及含量测定的编写；周爱菊负责 p 区元素及多核锰簇合物的合成及其组成分析的编写；董文负责前言，过渡、稀土金属配合物的合成、结构和性质测定的编写。此外，由吴惠明和徐敏全面负责组织、审核和统稿工作。编写时参考了国内外相关的教材、手册，在此向这些图书的作者表示感谢。

本书讲义已经过三年的试用，在内容上进行了不断的修正和增补。由于水平有限，书中难免有疏漏之处，欢迎老师同学们批评指正。

本书出版得到了广州大学教材出版基金资助，特此鸣谢。

编　者

2010 年 3 月

目 录

第一部分 基本知识和基本操作

1 绪论 …………………………………………………………………………………… 1
　1.1 《无机及分析化学实验》课程的地位和作用 ……………………………………… 1
　1.2 无机及分析化学实验的学习方法 ………………………………………………… 1
　　1.2.1 预习 ……………………………………………………………………………… 1
　　1.2.2 实验 ……………………………………………………………………………… 1
　　1.2.3 实验报告 ………………………………………………………………………… 1
2 实验室基本常识 ……………………………………………………………………… 6
　2.1 学生实验守则 ……………………………………………………………………… 6
　2.2 实验室安全守则 …………………………………………………………………… 6
　　2.2.1 概述 ……………………………………………………………………………… 6
　　2.2.2 化学实验室安全守则 …………………………………………………………… 7
　2.3 实验事故处理 ……………………………………………………………………… 8
3 实验数据处理 ………………………………………………………………………… 9
　3.1 误差的概念 ………………………………………………………………………… 9
　3.2 测量中误差的处理方法 …………………………………………………………… 9
　3.3 有效数字及其运算规则 …………………………………………………………… 10
　　3.3.1 有效数字位数的确定 …………………………………………………………… 10
　　3.3.2 有效数字的运算规则 …………………………………………………………… 11
　3.4 作图法处理实验数据 ……………………………………………………………… 11
　　3.4.1 作图法处理实验数据的优点 …………………………………………………… 11
　　3.4.2 作图步骤 ………………………………………………………………………… 12
4 常用仪器介绍 ………………………………………………………………………… 13
　4.1 化学实验中常用的仪器 …………………………………………………………… 13
　4.2 称量仪器 …………………………………………………………………………… 18
　　4.2.1 台秤及使用 ……………………………………………………………………… 18
　　4.2.2 电子天平及使用 ………………………………………………………………… 19
　4.3 pH 计 ……………………………………………………………………………… 19
　　4.3.1 6173R 型台式 pH 计的基本原理 ……………………………………………… 19
　　4.3.2 6173R 型台式 pH 计的 pH 校正步骤 ………………………………………… 20
　　4.3.3 6173R 型台式 pH 计的测量步骤 ……………………………………………… 20
　4.4 分光光度计 ………………………………………………………………………… 20
　　4.4.1 原理 ……………………………………………………………………………… 21
　　4.4.2 仪器操作程序 …………………………………………………………………… 21
　4.5 电导率仪 …………………………………………………………………………… 24

4.5.1　基本原理 ··· 24
　　4.5.2　DDS-11A 型电导率仪 ·· 25
4.6　试纸 ··· 27
　　4.6.1　pH 试纸 ··· 27
　　4.6.2　其他常用试纸 ··· 28
4.7　启普发生器的构造和原理 ··· 28
　　4.7.1　使用方法 ··· 28
　　4.7.2　注意事项 ··· 29

5　实验基本操作 ·· 30
5.1　玻璃仪器的洗涤与干燥 ··· 30
　　5.1.1　玻璃仪器的洗涤 ··· 30
　　5.1.2　沉淀垢渍的洗涤 ··· 31
　　5.1.3　洗涤液的配制 ··· 31
　　5.1.4　玻璃度量仪器的洗涤 ··· 31
　　5.1.5　仪器的干燥 ··· 32
5.2　加热及冷却方法 ··· 32
　　5.2.1　加热方法 ··· 32
　　5.2.2　热源的使用 ··· 34
　　5.2.3　冷却方法 ··· 37
5.3　固体物质的溶解、固液分离、蒸发（浓缩）和结晶 ···················· 37
　　5.3.1　固体溶解 ··· 37
　　5.3.2　固液分离 ··· 38
　　5.3.3　蒸发（浓缩）、结晶（重结晶） ·· 42
5.4　固体试剂的干燥 ··· 42
　　5.4.1　自然干燥 ··· 43
　　5.4.2　加热干燥 ··· 43
　　5.4.3　干燥器干燥 ··· 43
5.5　离子交换分离 ··· 44
　　5.5.1　离子交换柱装置 ··· 44
　　5.5.2　离子交换分离 ··· 44
5.6　滴定操作 ··· 44
　　5.6.1　滴定管 ··· 44
　　5.6.2　容量瓶 ··· 47
　　5.6.3　移液管、吸量管 ··· 48

第二部分　实　验

实验一　酒精喷灯的使用和玻璃管（棒）等简单加工 ······················ 49
实验二　二氧化碳相对分子质量的测定 ·· 53
实验三　由胆矾精制五水硫酸铜 ·· 56
实验四　硫酸铜结晶水的测定 ·· 58
实验五　滴定操作练习 ·· 60

实验六　由海盐制备试剂级氯化钠 …… 63
实验七　水溶液中的解离平衡 …… 66
实验八　配合物的生成和性质 …… 68
实验九　氧化还原反应和电化学 …… 71
实验十　醋酸解离度和解离常数的测定 …… 74
实验十一　化学反应速率与活化能的测定 …… 76
实验十二　碘化铅溶度积的测定 …… 80
实验十三　p区元素 …… 82
实验十四　ds区元素 …… 90
实验十五　d区元素 …… 93
实验十六　常见阳离子的分离与鉴定（Ⅰ） …… 97
实验十七　常见阳离子的分离和鉴定（Ⅱ） …… 104
实验十八　硫酸铝钾大晶体的制备 …… 107
实验十九　碱式碳酸铜的制备 …… 109
实验二十　硫酸亚铁铵的制备及组成和纯度分析 …… 111
实验二十一　钴（Ⅲ）氨配合物的制备和组成测定 …… 113
实验二十二　异核配合物$[Co(en)_2Cl_2]_3[Fe(C_2O_4)_3] \cdot 4.5H_2O$的制备、组成和性能测定 …… 115
实验二十三　含铬废水处理及含量测定 …… 118
实验二十四　多核锰簇合物的合成及其组成分析 …… 120
实验二十五　过渡、稀土金属配合物的合成、结构和性质测定 …… 122
实验二十六　铵盐中氮的测定（甲醛法） …… 123
实验二十七　水中钙、镁含量的测定 …… 125
实验二十八　过氧化氢含量的测定 …… 127

第三部分　附　　录

附录1　常用酸碱浓度 …… 129
附录2　常见沉淀物的pH值 …… 129
附录3　常见离子和化合物的颜色 …… 130
附录4　实验室常用试剂溶液的配制 …… 134
附录5　危险药品的分类、性质和管理 …… 135
主要参考文献 …… 138

第一部分　基本知识和基本操作

1　绪　论

1.1　《无机及分析化学实验》课程的地位和作用

《无机及分析化学实验》是一门化学实验技能课程，也是一门独立的实验课程，又与相应的理论课程联系紧密。通过本课程的学习，可以加深学生对化学基础理论知识的认识，并掌握规范的化学实验基本操作与基本技能；熟悉元素及无机化合物的性质、鉴定以及分离和制备方法。培养细致观察、现象记录、实验数据处理和实验报告撰写的能力；并在实验过程中培养学生自我获取知识以及综合运用知识、分析问题、解决问题的独立工作能力；对学生创新意识和创新能力的培养起到了非常重要的作用。同时在实验过程中培养学生对事物的观察能力以及实事求是的科学态度，养成勤俭节约、认真细致的良好习惯，为后续课程的学习以及今后参加工作和开展科学研究打下良好的基础。

1.2　无机及分析化学实验的学习方法

掌握无机及分析化学实验的基础理论和基本技能，除了要有明确的学习目的和端正的学习态度之外，重要的是要有好的学习方法。无机及分析化学实验的学习主要应从以下三个方面着手。

1.2.1　预习

实验前充分的预习是保证做好实验的重要环节。预习主要应做好以下几点：
① 认真学习实验教材和教科书的有关内容；
② 明确实验目的，弄懂实验原理；
③ 熟悉实验内容、步骤、基本操作、仪器使用和实验注意事项；
④ 认真思考实验前应准备的问题；
⑤ 写出预习报告。

1.2.2　实验

按照实验教材上规定的方法、步骤、试剂用量和操作规程进行实验，切实做好以下几点：
① 认真操作，仔细观察并如实记录实验现象；
② 遇到问题要认真分析，力求自己解决，若自己解决不了，可请教指导老师（或同学）；
③ 如果发现实验现象与理论不符合，应认真查明原因，经指导教师同意后重做实验，直到得出正确的结果。

1.2.3　实验报告

实验报告是每次实验的记录、概括和总结，也是对实验者综合能力的考核。每个学生做完实验后都必须及时、独立、认真地完成实验报告，并交指导教师批阅。

下面列举几种不同类型的实验报告格式，以供参考。

测定实验报告

实验项目名称

学院	班级	姓名	学号	合作者
室温	实验日期 年 月 日			指导教师

测定原理（简述）

数据记录和结果处理

问题和讨论

思考题

制备实验报告

实验项目名称

| 学院 | 班级 | 姓名 | 学号 | 合作者 |
| 室温 | 实验日期 年 月 日 | | | 指导教师 |

基本原理（简述）

简单流程

实验步骤和现象

实验数据和结果

  产品外观

  实际产量/g

  理论产量/g

  产率/%

  产品纯度

问题和讨论

思考题

性质实验报告

实验项目名称

学院	班级	姓名	学号	合作者
室温	实验日期 年 月 日			指导教师

实验步骤	实验现象	解释（或反应式）	结　　论

问题和讨论

思考题

综合性、设计性实验报告

实验项目名称

学院	班级	姓名	学号	合作者
室温	实验日期 年 月 日			指导教师

一、实验方案设计

（1）实验目的

（2）实验原理

（3）实验流程或装置示意图

（4）实验仪器设备及材料药品

（5）实验步骤

（6）实验数据处理方法

（7）参考文献

教师对实验方案设计的意见

签名
年 月 日

二、实验报告

（1）实验原理

（2）实验流程或装置示意图

（3）实验仪器设备及材料药品

（4）实验步骤及现象

（5）实验数据和结果

（6）结果分析和讨论

三、实验总结

（1）实验成败及原因分析

（2）本实验的关键环节及改进措施

2 实验室基本常识

2.1 学生实验守则

① 学生在参加实验前，必须认真复习教材中的有关理论，预习实验教材，明确本次实验的目的、要求、实验原理和步骤及操作规程。未做好预习者，教师有权令其退出实验室。实验室内不许打闹、喧哗或进食；不得带食物、穿短裤或拖鞋入内。有条件应该统一穿工作服进实验室。

② 严格遵守实验室各项规章制度。

③ 学生必须提前 5 分钟到达实验室，无故迟到超过 15 分钟者，应取消该次实验资格，该次实验成绩以零分记。实验过程中应保持安静，不得使用音响设备、手机，不得做与实验无关的事情。病假应有医院证明，事假必须提前向主讲教师提供有年级主任（或班主任）签字的书面说明。对作弊行为按有关规定严肃处理。

④ 学生在实验前，要认真听取教师的课堂讲解，未经教师准许不得随意开始实验。教师讲授完毕后，凡有不明确的问题应及时向教师提出，在完全明确本次实验各项要求，并经教师同意后，方可进行实验。

⑤ 学生在进行实验时，要注意安全，严格按规定的步骤和要求进行操作，不得做规定以外的实验。凡遇疑难问题，应及时请教老师。实验时要按照要求仔细观察实验现象，正确地记录实验所得数据与结果，不得涂改或弄虚作假，必须如实记在记录本上。

⑥ 要爱护室内一切仪器、设备、药品、材料等，不得乱拿乱用，如遇缺损、不合规格等问题时，应及时报告，请求更换或补充，使用材料、药品要力求节约，不要过量，以免浪费。

⑦ 实验结束时，学生应将实验记录本、实验报告交教师检查，不合格者，要重做或补做；合格者，应将所用实验物品全面清理（包括清洗），放回原处，经教师或实验员检验后，方可离开实验室。

⑧ 实验室内仪器、设备、工具、桌椅等物品，严禁私自拿出室外或借用。按要求需在室外继续进行实验时，所需物品应经教师和实验员同意，列具清单，核查登记后方可带出室外，并应于实验完毕后，及时清理，如数归还。

⑨ 实验中，凡人为损坏或遗失仪器、设备及常用工具时，视情节应追究责任，并按有关规定办理赔偿手续。

⑩ 实验室属重点防护场所，非实验时间，除本实验室管理人员外严禁他人随意进入；实验时间内，非实验人员不得入内。

⑪ 实验结束后，关闭电源、水源和气源，做好仪器设备的整理、复原等工作，全面整理和打扫卫生，个人实验区域的卫生由学生本人负责，公共区域的清洁卫生由值日生负责。经实验指导教师检查同意后方可离开。

2.2 实验室安全守则

2.2.1 概述

化学实验室是学习、研究化学学科的重要活动场所。在化学实验室中工作或学习，往往会接触到各种化学药物、各种电器设备、各种玻璃仪器及水、电、煤气。在这些化学药品中，有的有毒，有的有刺激性气味，有的有腐蚀性，有的易燃、易爆，还有的可能致癌。使用不当或操作有误、违反章程、疏忽大意，都有可能造成意外事故。因此，进入实验室要做到以下几点：

① 认真阅读实验教材中有关的安全指导；
② 了解实验的操作步骤和操作方法；
③ 了解有关化学药品的性能及实验中可能碰到的各种各样的危险。

实践证明，大部分危险事故是由于操作者的无知和疏忽大意造成的。只要实验者思想上高度重视，具备必要的安全知识，听从教导，严格遵守实验室操作规程，事故是可以避免的。即使万一发生了事故，只要事先掌握了一般的防护方法和措施，就能够及时妥善地加以处理，而不致酿成严重的后果。反之，若掉以轻心，马虎从事，或我行我素，不听指导，或违反操作规程，则随时都可能发生事故。为了防患未然，确保实验安全顺利进行，实验室必须制定严格的规章制度、安全防患措施、各项操作细则，完善安全设施。

2.2.2 化学实验室安全守则

① 实验前认真阅读教材，了解实验前后应注意的操作规程。
② 熟悉实验室环境，了解与安全有关的设施（如水、电、煤气的总开关，消防用品、急救箱等）的位置和使用方法。
③ 一切有毒、有刺激性气体的实验，都要在通风橱内进行；易燃、易爆药品操作应在远离火种的地方进行，用后把瓶塞塞紧，放在阴凉处，并尽可能在通风橱内进行。
④ 金属钾、钠应保存在煤油或石蜡油中，白磷（或黄磷）应保存在水中，取用时必须用镊子，绝不能用手拿。
⑤ 稀释浓酸特别是浓硫酸时，一定要将酸液慢慢倒入水中（切勿将水倒入硫酸中），并及时搅拌。
⑥ 使用强腐蚀性试剂（如浓 H_2SO_4、浓 HNO_3、浓碱、液溴、浓 H_2O_2 等）时，切勿溅在衣服和皮肤上、眼睛里，取用时要带胶皮手套和防护眼镜。可溶性汞盐、铬的化合物、氰化物、砷盐、锑盐、镉盐和钡盐都有毒，不得进入口内或接触伤口。
⑦ 实验后废液应倒入指定容器。
⑧ 加热试管时，试管口不要对准人，自己也不要俯视被加热液体，防止液体溅出、烫伤他人或自己。嗅闻气体时，用手招气入鼻，不能用鼻直接凑近容器口。
⑨ 不允许将各种不明性质的化学药品随便混合，以防发生意外；自行设计的实验，需和老师讨论后方可进行。
⑩ 不准用湿手操作电器设备，以防触电。
⑪ 加热器不能直接放在木质台面和地板上，应放在石棉板、绝缘砖石或水泥地板上，加热期间要有人看管。大型贵重仪器应有安全保护装置。加热后的坩埚、蒸发皿应放在石棉网或石棉板上，不能直接放在木质台面上，以防烫坏台面，引起火灾，更不能与湿物接触，以防炸裂。
⑫ 严禁在实验室内大声喧哗、游戏打闹、饮食或吸烟，实验完应洗手后离开。
⑬ 实验后的废弃物，如废纸、火柴梗、碎试管等固体物应放入废物桶（箱）内，不要丢入水池内，以防堵塞。
⑭ 每次实验完毕，应将玻璃仪器擦洗干净，按原位摆放整齐，台面、水池、地面打扫

干净，药品按序摆好。检查水、电、煤气、门、窗是否关好。应及时关闭电源开关。

⑮ 不得将实验室的化学药品带出实验室。

2.3 实验事故处理

（1）创伤　伤处不能用手抚摸，也不能用水洗涤。若是玻璃创伤，应先把碎玻璃从伤处挑出。轻伤可涂紫药水（或红汞、碘酒），必要时撒些消炎粉或敷消炎膏，用绷带包扎。

（2）烫伤　不要用冷水洗涤伤处。伤处皮肤没破时，可涂擦饱和碳酸氢钠溶液或用碳酸氢钠粉调成糊状敷于伤处，也可抹獾油或烫伤膏；如果伤处皮肤已破，可涂些紫药水或1%高锰酸钾溶液。

（3）受酸腐蚀致伤　先用大量水冲洗，再用饱和碳酸氢钠溶液（或稀氨水、肥皂水）洗，最后再用水冲洗。如果酸液溅入眼内，用大量的水冲洗后，送医院医治。

（4）受碱腐蚀致伤　先用大量水冲洗，再用2%醋酸溶液或饱和硼酸溶液洗，最后用水冲洗。如果碱液溅入眼内，用硼酸溶液洗后，送医院医治。

（5）受溴腐蚀致伤　用乙酸乙酯或甘油洗干净伤口，再用水洗。

（6）吸入刺激性或有毒气体　吸入氯气、氯化氢气体时，可吸入少量酒精和乙醚的混合蒸气解毒。吸入硫化氢或一氧化碳气体而感到不适时，应立即到室外呼吸新鲜空气。但应注意氯气、溴中毒不可进行人工呼吸，一氧化碳中毒不可施用兴奋剂。

（7）毒物进入口内　将5~10mL稀硫酸铜溶液加入一杯温水中，内服后，用手指伸入咽喉部，促使呕吐，吐出毒物，然后立即送医院。

（8）起火　起火后，要立即一边灭火，一边防止火势蔓延（如采取切断电源、移走易燃药品等措施）。灭火的方法要针对不同的起因选用合适的方法和灭火设备。一般的小火可用湿布、石棉布或沙子覆盖燃烧物，即可灭火。火势大时可使用泡沫灭火器。但电器设备所引起的火灾，只能使用二氧化碳或四氯化碳灭火器灭火，不能用泡沫灭火器，以免触电。实验人员衣服着火时，切勿惊慌乱跑，应赶快脱下衣服，或用石棉布覆盖着火处。常用的灭火器及其使用范围见表2-1。

表 2-1　常用的灭火器及其使用范围

灭火器类型	药液成分	适用范围
酸碱式	H_2SO_4，$NaHCO_3$	非油类、非电器的一般火灾
泡沫灭火器	$Al_2(SO_4)_3$，$NaHCO_3$	油类起火
二氧化碳灭火器	液态 CO_2	电器、小范围油类和忌水的化学品失火
干粉灭火器	$NaHCO_3$ 等盐类、润滑剂、防潮剂	油类、可燃性气体、电器设备、精密仪器、图书文件和遇水易燃烧药品的初起火灾
1211灭火器	CF_2ClBr 液化气体	特别适用于油类、有机溶剂、精密仪器、高压电气设备失火

（9）触电　首先切断电源，然后进行人工呼吸。

3 实验数据处理

3.1 误差的概念

测定值与真实值之间偏离称为误差。误差在测量工作中一定存在，即使采用最先进的测量方法，使用最先进的精密仪器，由技术最熟练的工作人员来测量，测定值与真实值也不可能完全符合。测量的误差越小，测定的准确度就越高。根据误差性质不同，可将误差分为：系统误差、随机误差和过失误差三类。

(1) 系统误差（可测误差，包括仪器误差、环境误差、人员误差、方法误差） 系统误差是由某些比较确定的因素引起的，它对测定的影响比较确定，重复测量时，它会重复出现。它是由实验方法的不当、仪器不准、试剂不纯、操作不当等原因引起的。它的特点是具有单向性和重现性，即平行测定结果系统地偏高或偏低。通过改进实验方法、校正仪器、提高试剂纯度、严格操作规程和实验条件等手段可减少这种误差。

(2) 随机误差（偶然误差或不定误差） 是由某些难以预料的偶然因素引起的（如环境的温度、湿度、振动、气压等突然改变），它对实验结果的影响也无规律可循，一般可通过多次测量取算术平均值来减少这种误差。

(3) 过失误差 是由于工作失误造成的误差，如操作不正确、读错数据、加错药品、计算错误等。这种误差纯粹是人为造成的，严格按操作规程进行，加强责任心等则可避免。

3.2 测量中误差的处理方法

(1) 准确度与精密度 准确度是指测定值与真实值之间的偏离程度，可以用误差来衡量。误差越小，说明测量的结果准确度越高。

精密度指的是测量结果相互接近的程度（再现性或重复性）。精密度高不一定准确度就高，但准确度高一定需要精密度高。精密度是保证准确度的先决条件。

(2) 绝对误差和相对误差 实验测得的值与真实值之间的差值称为绝对误差。

$$绝对误差 = 测定值 - 真实值$$

当测定值大于真实值时，绝对误差是正的；测定值小于真实值时，绝对误差是负的。绝对误差只能显示出误差变化的范围，而不能确切地表示测量的精密度，一般用相对误差表示测量的误差。

$$相对误差 = \frac{绝对误差}{真实值} \times 100\%$$

绝对误差与被测量值的大小无关，而相对误差与被测量值的大小有关，例如在酸碱滴定中，滴定 20.00mL 的 NaOH 溶液理论上需要同样浓度的 20.00mL HCl，两次实验测得的平均值分别为 19.98mL、19.95mL，则测得的绝对误差分别为

$$19.98 - 20.00 = -0.02 \text{ (mL)}$$
$$19.95 - 20.00 = -0.05 \text{ (mL)}$$

测量的相对误差为 $$RE_1 = \frac{-0.02}{20.00} \times 100\% = -0.1\%$$

$$RE_2 = \frac{-0.05}{20.00} \times 100\% = -0.25\%$$

显然，前一数值准确度较高。

如用万分之一天平，以差减称量法进行称量，可能引起的最大绝对误差为±0.0002g，为使称量的相对误差小于0.1%，试样质量必须在0.2g以上。

$$\text{试样质量} \geqslant \frac{\text{绝对误差}}{\text{相对误差}} = \frac{0.0002}{0.1\%} = 0.2 \text{ (g)}$$

在滴定分析中，滴定管读数有±0.01mL的绝对误差。在一次滴定中，需要读数2次，可造成最大的绝对误差为±0.02mL，为使测量体积的相对误差小于0.1%，则消耗滴定剂的体积应控制在20mL以上，即

$$\text{滴定剂体积} \geqslant \frac{\text{绝对误差}}{\text{相对误差}} = \frac{0.02}{0.1\%} = 20 \text{ (mL)}$$

在实际操作中，消耗滴定剂的体积可控制在20～30mL，这样既减小了测量误差，又能节省试剂和时间。

（3）精密度与偏差　在实际工作中，真实值常常是不知道的，因此无法求出误差，无法确定分析结果的准确度。这种情况下分析结果的好坏只能用精密度（precision）来判断。精密度是指一试样的多次平行测定值彼此相接近的程度。我们把单次测定值 x_i 与算术平均值 $\bar{x}$ 之间的差值叫做单次测定值的绝对偏差（absolute deviation）d_i，简称偏差（deviation），因此，精密度可用偏差来衡量。偏差越小，精密度越高；反之则精密度越低。

平均值
$$\bar{x} = \frac{\sum x_i}{n}$$

偏差
$$d_i = x_i - \bar{x}$$

式中，x_i 是各单次测定值；n 是测定次数。

平均值实质上是代表测定值的集中趋势，而各种偏差实质上是代表测定值的分散程度。分散程度越小，精密度越高。

为了更好地衡量一组测定值总的精密度，常用平均偏差和标准偏差两类偏差表示。

平均偏差（average deviation）是单次测定值偏差的绝对值之和的平均值，用 $\bar{d}$ 表示。

$$\bar{d} = \frac{\sum |d_i|}{n}$$

有时也用相对平均偏差（relative average deviation）$R\bar{d}$ 来表示数据的精密度

$$R\bar{d} = \frac{\bar{d}}{\bar{x}} \times 100\%$$

平均偏差 $\bar{d}$ 和相对平均偏差 $R\bar{d}$，不记正负号，而单次测定值的偏差 d_i 要记正负号。

3.3　有效数字及其运算规则

3.3.1　有效数字位数的确定

有效数字是由准确数字与一位可疑数字组成的测量值。它除最后一位数字是不准确的外，其他各数都是确定的。有效数字的有效位数反映了测量的精度。有效位数是从有效数字最左边起第一个不为零的数字起到最后一个数字止的数字个数。例如，用感量为千分之一的天平称一样品为0.485g，这里0.485就是一个3位有效数字，其中最后一个数字5是不确定的。因为平衡时天平的指针投影可能停留在4.5分刻度到5.5分刻度，5是根据四舍五入

法估计出来的。用某一测量仪器测定物质的某一物理量，其准确度都是有一定限度的。测量值的准确度取决于仪器的可靠性，也与测量者的判断力有关。测量的准确度是由仪器刻度标尺的最小刻度决定的。如上面这台天平的绝对误差为 0.001g，称量样品的相对误差为

$$\frac{0.001}{0.485} \times 100\% = 0.21\%$$

在记录测量数据时，不能随意乱写，不然就会增大或减小测量的准确度。如把上面的称量数字写成 0.4852，这样就把可疑数字 5 变成了确定数字 5，从而夸大了测量的准确度，是和实际情况不相符的。

3.3.2 有效数字的运算规则

(1) 有效数字取舍规则

① 记录和计算结果所得的数值，均只是保留 1 位可疑数字；

② 当有效数字的位数确定后，其尾数应按照"四舍六入五看齐，奇进偶不进"的原则：当尾数≤4 时，舍去；尾数≥6 时，进位；当尾数＝5 时，则要看尾数前一位数是奇数还是偶数，若为奇数则进位，若为偶数则舍去，总之保留前一位数为偶数，以提高运算结果的准确性。

(2) 加减法运算规则　进行加法或减法运算时，所得的和或差的有效数字的位数，应与各个加、减数中的小数点后位最小者相同。例如：

$$23.456 + 0.000124 + 3.12 + 1.6874 = 28.263524，应取 28.26。$$

以上是先运算后取舍，也可以先取舍，后运算，取舍时也是以小数点后位数最少的数为准。

$$23.456 \longrightarrow 23.46$$
$$0.000124 \longrightarrow 0.00$$
$$3.12 \longrightarrow 3.12$$
$$1.6874 \longrightarrow 1.69$$
$$23.45 + 0.00 + 3.12 + 1.69 = 28.26$$

(3) 乘除法运算规则　进行乘除法运算时，其积或商的有效数字的位数应与各数中有效数字位数最少位数的数相同，而与小数点后的位数无关。例如：

$$2.35 \times 3.642 \times 3.3576 = 28.736691 \approx 28.7$$

同加减法一样，也可以先以小数点后位数最少的数为准，四舍五入后再进行运算：

$$2.35 \times 3.64 \times 3.36 = 28.74144 \approx 28.7$$

当有效数字为 8 或 9 时，在乘除法运算中也可运用"四舍六入五看齐，奇进偶不进"的原则，将此有效数字的位数多加一位。

(4) 在对数运算中，所取对数的尾数应与真数有效数字位数相同。即尾数有几位，则真数就取几位。例如：溶液 pH＝4.74，其 $c(H^+) = 1.8 \times 10^{-5}$ mol·L^{-1}，而不是 1.82×10^{-5} mol·L^{-1}。

3.4 作图法处理实验数据

3.4.1 作图法处理实验数据的优点

处理实验数据的其中一个常用方法是作图法，作图法表达实验结果的好处有：显示数据的特点和数据变化的规律；从图可求出斜率、截距、切线等；由图形找出变量间的关系；根

据图形的变化规律，可以剔除一些偏差较大的实验数据。

3.4.2 作图步骤

(1) 作图纸和坐标的选择　一般常用直角坐标纸和半对数坐标纸。习惯上以横坐标作为自变量，纵坐标表示因变量。坐标比例尺的选择一般应遵循以下原则。

① 坐标刻度能表示出全部有效数字，从图中读出的精密度应与测量的精密度基本一致，通常采取读数的绝对误差在图纸仍相当于 0.5～1 小格（最小分刻度），即 0.5～1mm。

② 坐标刻度应取容易读数的分度，通常每单位坐标格子应代表 1、2 或 5 的倍数，而不采用 3、6、7、9 的倍数，数字一般标示在逢 5 或逢 10 的粗线上。

③ 满足上述两个原则的条件下，所选坐标纸的大小应能包容全部所需数而略有宽裕。如无特殊需要（如直线外推求截距等），就不一定要把变量的零点作为原点，可从略低于最小测量值的整数开始，以便于充分利用图纸，且有利于保证图的精密度，若为直线或近乎直线的曲线，则应安置在图纸对角线附近。

(2) 点和线的描绘

① 点的描绘　在直角坐标系中，代表某一读数的点常用 ○、⊙、×、△ 等不同的符号表示，符号的重心所在即表示读数值，符号的大小应能粗略地显示出测量误差的范围。

② 线的描绘　根据大多数点描绘出的线必须平滑，并使处于曲线两边的点的数目大致相等。

③ 曲线的极大、极小或折点处，应尽可能多地测量几个点，以保证曲线所示规律的可靠性。

对于个别远离曲线的点，如不能判断被测物理量在此区域会发生什么突变，就要分析测量过程中是否有偶然性的过失误差，如果属偶然性误差所致，描线时可不考虑这一点。否则就要重复实验，如果仍有此点，说明曲线在此区间有新的变化规律。经过认真仔细测量，按上述原则描绘出此区间曲线。

若同一图上需要绘制几条曲线，不同曲线上的数值点可以用不同的符号来表示，描绘出来的不同曲线，也可以用不同的线（虚线、实线、点线、粗线、细线、不同颜色的线）来表示，并在图上标明。

画线时，一般先用淡、软铅笔沿各数值点的变化趋势轻轻地手绘一条曲线，然后用曲线尺逐段吻合手绘线，作出光滑的曲线。

(3) 图名和说明　图形作好后，应注上图名，标明坐标轴所代表的物理量、比例尺及主要测量条件（温度、压力、浓度等）。

由于计算机的发展和应用，利用计算机作图越来越方便，逐渐取代传统作图法。

4 常用仪器介绍

4.1 化学实验中常用的仪器

化学实验中常用的仪器见表 4-1。

表 4-1 化学实验中常用的仪器

名称	仪器	主要用途	使用方法和注意事项
试管	普通试管 离心试管	1. 在常温或加热条件下用作少量试剂反应容器,便于操作和观察 2. 收集少量气体用 3. 支管试管还可检验气体产物,也可接到装置中用 4. 离心试管还可用于沉淀分离	1. 反应液体不超过试管容积1/2,加热时不超过1/3,以防止振荡时液体溅出或受热溢出 2. 加热前试管外面要擦干,以防止有水滴附着受热不匀,使试管破裂;加热时要用试管夹夹持 3. 加热液体时管口不要对人,以防止液体溅出伤人;并将试管倾斜与桌面成45°,同时不断振荡,以扩大受热面防止暴沸,火焰上端不能超过管里液面以防止受热不均匀使试管破裂 4. 加热固体时,管口应略向下倾斜,以避免管口冷凝水流回灼热管底而引起破裂 5. 离心试管不可直接加热,避免破裂
烧杯		1. 常温或加热条件下作大量物质反应容器 2. 配制溶液用 3. 代替水浴锅	1. 反应液体不得超过烧杯容量的2/3,以防止搅动时液体溅出或沸腾时液体溢出 2. 加热前要将烧杯外壁擦干,烧杯底要垫石棉网以防止玻璃受热不均匀而遭破坏
烧瓶	平底 圆底 蒸馏烧瓶	圆底烧瓶:在常温或加热条件下供化学反应用,因盛液是圆形受热面大,耐压大 平底烧瓶:配制溶液或代替圆底烧瓶,因平底放置平稳 蒸馏烧瓶:液体蒸馏、少量气体发生装置用	1. 盛放液体的量不能超过烧瓶容量的2/3,也不能太少,避免加热时喷溅或破裂 2. 固定在铁架台上,下垫石棉网再加热,不能直接加热,加热前外壁要擦干,避免受热不均匀而破裂 3. 放在桌面上,下面要垫木环或石棉环,防止滚动而打破
锥形瓶		1. 用于滴定的反应容器 2. 振荡方便,适用于滴定操作	1. 盛液不能太多,避免振荡时溅出液体 2. 加热时下垫石棉网或置于水浴中,防止受热不均而破裂
碘量瓶		碘量瓶是带有磨口玻璃和水槽的锥形瓶,喇叭形瓶口与瓶塞柄间形成水槽,槽内加水形成水封 用于滴定易挥发物质的反应容器	1. 碘量瓶专用于溴酸钾法和碘量法的检测 2. 不可直接加热 3. 塞子需用中指和无名指夹紧

续表

名称	仪器	主要用途	使用方法和注意事项
试剂瓶		储存溶液和液体药品的容器,分磨口和非磨口、透明和棕色	1. 不能直接加热,以防止玻璃破裂 2. 瓶塞不能弄脏、弄乱以防止沾污试剂 3. 盛放碱液时应改用胶塞,以防止碱液与玻璃作用,使塞子打不开 4. 有磨口塞的细口瓶不用时,应洗净并在磨口处垫上纸条以防止粘连 5. 有色瓶盛见光易分解或不太稳定的物质的溶液或液体,以防止物质分解或变质
广口瓶		1. 储存固体药品用 2. 用于收集气体	1. 不能直接加热,不能放碱,瓶塞不得弄脏、弄乱 2. 作气体燃烧实验时,瓶底应放少许砂子或水以防止瓶破裂 3. 收集气体后,要用毛玻璃片盖住瓶口以防止气体逸出
量筒 量杯		用于量取一定体积的液体	1. 应竖直放在桌面上,读数时,视线应和液面水平,读取与弯月面底相切的刻度 2. 不可加热,不可做实验(如溶解、稀释等)容器,以防止破裂 3. 不可量热溶液或液体,以避免容积不准确
称量瓶		准确称取一定量固体药品时用	1. 不能加热 2. 盖子是磨口配套的,不得丢失,弄乱 3. 不用时应洗净,在磨口处垫上纸条,以防止因粘连打不开玻璃盖
容量瓶		配制准确浓度的溶液时用	1. 溶质先在烧杯内用少量水全部溶解,然后移入容量瓶 2. 不能加热,以免影响容量瓶容积的精确度;也不能代替试剂瓶用来存放溶液
表面皿		盖在烧杯上,防止灰尘进入或液体溅出等	不能用火直接加热
移液管 吸量管		精确移取一定体积的液体时用	1. 将液体吸入,液面超过刻度,再用食指按住管口,轻轻转动放气,使液面降至刻度后,用食指按住管口,移往指定容器上,放开食指,使液体注入 2. 用时先用少量移取液淋洗三次,以确保所取溶液浓度或纯度不变 3. 一般吸管残留的最后一滴液体,不要吹出(制管时已考虑),完全流出时应吹出

续表

名称	仪器	主要用途	使用方法和注意事项
滴定管	碱式 酸式	滴定时用,或用以量取准确体积的液体时用,使用聚四氟乙烯作为活塞材料的滴定管,酸性、碱性、强氧化性的物质都可以承受	1. 用前洗净、装液前要用预装溶液淋洗三次,以确保溶液浓度不变 2. 使用酸式管滴定时,用左手开启旋塞;防止将旋塞拉出而喷漏,便于操作 3. 碱管用左手轻捏橡皮管内玻璃珠,溶液即可放出;碱管要注意赶尽气泡,确保读数准确 4. 酸管旋塞应擦凡士林使旋塞旋转灵活 5. 碱管下端橡皮管不能用洗液洗以避免洗液腐蚀橡皮 6. 酸管、碱管不能对调使用,以避免酸液腐蚀橡皮、碱液腐蚀玻璃,使旋塞粘住而损坏
漏斗	长颈 短颈	1. 过滤液体 2. 倾注液体 3. 长颈漏斗常装配气体发生器,加液用	1. 不可直接加热 2. 过滤时漏斗径尖端必须紧靠盛接滤液的容器壁,以防止滤液溅出 3. 长颈漏斗作加液时斗颈应插入液面内,以防止气体自漏斗泄出
洗气瓶		净化气体用,反接也可作安全瓶(或缓冲瓶)用	1. 接法要正确(进气管通入液体中) 2. 洗涤液注入容器高度1/3,不得超过1/2,以防止洗涤液被气体冲出
蒸发皿		口大底浅,蒸发速度大,所以作蒸发、浓缩溶液用,随液体性质不同可选用不同材质的蒸发皿	1. 能耐高温,但不宜骤冷 2. 一般放在石棉网上直接加热使之受热均匀
分液漏斗		1. 用于互不相溶的液-液分离 2. 气体发生器装置中加液用	1. 不能加热 2. 塞上涂一薄层凡士林,旋塞处不能漏液 3. 分液时,下层液体从漏斗管流出,上层液体从上口倒出,以避免分离不清 4. 装气体发生器时漏斗管应插入液面内(漏斗管不够长,可接管)或改装成恒压漏斗

续表

名称	仪器	主要用途	使用方法和注意事项
干燥管		干燥气体	1. 干燥剂颗粒要大小适中,填充时松紧要适中,以加强干燥效果,避免失效 2. 两端要用棉花团,以避免气流将干燥剂粉末带出 3. 干燥剂变潮后应立即更换干燥剂,用后应清洗 4. 两头要接对并固定在铁架台上使用
洗瓶		实验室主要用于盛放蒸馏水或去离子水,洗涤沉淀和容器时使用,也可装适当的洗涤剂来洗涤沉淀	1. 不能装自来水 2. 塑料洗瓶不能加热,也不能靠近火源,以防变形,甚至熔化 3. 注意瓶塞不能漏气,否则挤不出水
抽滤装置	抽滤瓶 布氏漏斗	用于无机制备中晶体或沉淀的减压过滤(利用抽气管或真空泵降低抽滤瓶中压力来减压过滤)	1. 不能直接加热 2. 滤纸要略小于漏斗的内径,才能贴紧以防止过滤液由边上漏滤、过滤不完全 3. 先开抽气管,后过滤;过滤完毕后,先分开抽气管与抽滤瓶的连接处,后关抽气管,以防止抽气管水流倒吸
微孔玻璃漏斗		也称砂芯漏斗,当过滤的溶液具有强酸性或强氧化性时,溶液会破坏滤纸,此时可用玻璃砂芯漏斗,也可用于气体洗涤和扩散实验	1. 不能用于含 HF、浓碱液和活性炭等物质的分离 2. 不能直接用火加热 3. 用后应及时洗净 4. 不能过滤强碱性溶液
点滴板		瓷制品,有白色和黑色两种,用于 pH 以及酸碱性的检测及微量反应	不能加热
坩埚钳		夹持坩埚加热或往高温电炉(马弗炉)中放、取坩埚(亦可用于夹取热的蒸发皿)	1. 使用时必须用干净的坩埚钳 2. 坩埚钳用后,应尖端向上平放在实验台上(如温度很高,则应放在石棉网上)以确保坩埚钳尖端洁净,并防止烫坏实验台 3. 实验完毕后,应将钳子擦干净,放入实验柜中,干燥放置以防止坩埚钳锈蚀
坩埚		强热、煅烧固体用,随固体性质不同,可选用不同性质的坩埚	1. 放在泥三角上直接强热或煅烧 2. 加热或反应完毕后用坩埚钳取下时,坩埚钳应预热,取下后应放置石棉网上以防止骤冷而破裂,防止烧坏桌面

续表

名称	仪器	主要用途	使用方法和注意事项
铁架台		用于固定或放置反应容器,铁圈还可代替漏斗架使用	1. 仪器固定在铁架台上时,仪器和铁架的重心应落在铁架台底盘中部 2. 用铁夹夹持仪器时,应以仪器不能转动为宜,不能过紧或过松 3. 加热后的铁圈不能撞击或摔落在地
毛刷		洗刷玻璃仪器	洗涤时手持刷子的部位要合适,要注意毛刷顶部竖毛的完整程度,避免洗不到仪器顶端,或刷顶撞破仪器
试管夹		夹持试管用	1. 夹在试管上端 2. 不要把拇指按在夹的活动部分 3. 一定要从试管底部套上和取下试管夹
漏斗架		过滤时盛接漏斗用	固定漏斗架时,不要倒放
泥三角		灼烧坩埚时放置坩埚用	1. 使用前应检查铁丝是否断裂,断裂的不能使用 2. 坩埚放置要正确,坩埚底应放在三个瓷管上,坩埚在泥三角上用正放或斜放皆可,视实验的需求可以自行安置
石棉网		石棉是一种不良导体,它能使受热物体均匀受热,不致造成局部高温	1. 应先检查,石棉脱落的不能用 2. 不能与水接触,以免石棉脱落或铁丝锈蚀 3. 石棉松脆,易损坏不可卷折
三角架		放置较大或较重的加热容器	1. 放置加热容器(除水浴锅外)应先放石棉网,使加热容器受热均匀 2. 下面加热灯焰的位置要合适,一般用氧化焰加热,使加热温度高

续表

名称	仪器	主要用途	使用方法和注意事项
燃烧匙		检验固体可燃性,进行固体燃烧反应	1. 放入集气瓶时应由上而下慢慢放入,且不要触及瓶壁 2. 做硫黄、钾、钠燃烧实验时,应在匙底垫上少许石棉或砂子以避免与之发生反应,腐蚀燃烧匙 3. 用完立即洗净匙头并干燥,避免腐蚀、损坏匙头
试管架		放试管用	加热后的试管应用试管夹夹在悬放架上
药匙		拿取固体药品用	取用一种药品后,必须洗净,并用滤纸擦干净后,才能取用另一药品,以避免沾污试剂
水浴锅		用于间接加热,也可用于粗略控温实验中	1. 应选择好圈环,使加热器皿没入锅中 2/3 2. 经常加水,防止将锅内水烧干 3. 用完将锅内剩水倒出并擦干水浴锅,以防止锈蚀(例如铜制品会生铜绿)
自由夹和螺旋夹		在蒸馏水储瓶、制气或其他实验装置中可用于连通或关闭流体的通路,螺旋夹还可控制流体的流量	1. 应使胶管夹在自由夹的中间部位 2. 在蒸馏水储瓶的装置中,夹子夹持胶管的部位应常变动以防止长期夹持,胶管黏结 3. 实验完毕,应及时拆卸装置,夹子擦净放入柜中以防止夹子弹性减小和夹子锈蚀

4.2 称量仪器

4.2.1 台秤及使用

台秤(又叫托盘天平),用于精确度要求不高(一般能称准到 0.1g)时的称量,其构造见图 4-1。具体使用方法如下。

(1) 调零 称量前应将游码拨至标尺"0"线,观察指针在刻度牌中心线附近的摆动情况。若等距离摆动,表示台秤可以使用,否则应调节托盘下面的平衡螺丝,使指针在中心线左右等距离摆动,或停在中心线上不动为止。

(2) 称量 称量时,左盘放被称量物,被称量物不能直接放在托盘上,依其性质放在纸上、表面皿上或其他容器里。10g（或 5g）以上的砝码放在右盘中，10g（或 5g）以下则用移动标尺上的游码来调节。砝码与游码所示的总质量就是被称量物和托垫物的总质量。

注意事项：①不能称量热的物体；②称量完毕后，台秤与砝码恢复原状；③要保持台秤清洁；④要用镊子取砝码，不要用手拿。

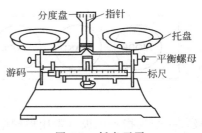

图 4-1　托盘天平

4.2.2　电子天平及使用

电子天平（见图 4-2）是利用电子装置完成电磁力补偿的调节，使物体在重力场中实现力的平衡，或通过磁力矩的调节，使物体在重力场中实现力矩的平衡。目前有一系列的从粗到精，可用于基础、标准和专业等多种级别称量任务的电子天平。例如 METTLERTOLEDO 公司推出的超微量、微量电子天平可以精确称量到 $0.1\mu g$。一般实验室常用的电子天平分别可以称准至 0.0001g（有罩）、0.001g（有罩）、0.01g（无罩），可根据使用的精度选择。

电子天平一般都具有自动调零、自动校准、自动扣除空白（去皮）和自动显示称量结果的功能。它称量方便、迅速、读数稳定、准确度高。

电子天平的使用步骤如下（以精密度 0.0001g 为例）。

(1) 开机　调节天平的水平，然后接通电源，再按 ON 键开机，电子显示屏上出现 0.0000g 闪动。待数字稳定下来，表示天平已经稳定，进入准备称量状态。

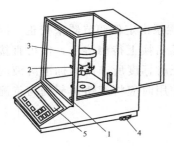

图 4-2　电子天平
1—水平仪；2—托盘；3—秤盘；
4—水平调节角；5—显示屏

(2) 校准　天平开机稳定后，按校准（CAL）键，再将校准砝码放入托盘中央，天平显示 0.0000g 后移去校准砝码，天平再次显示 0.0000g，完成校准。天平可正常称量。

(3) 去皮　当需把天平托盘上的被称物体（称量纸或容器）的质量显示清零时，只要按清零（TARE）键即可，天平显示 0.0000g。

(4) 天平读数　打开天平侧门，将样品放到物品托盘上（化学试剂不能直接接触托盘）。关闭天平侧门。待电子显示屏上闪动的数字稳定下来，读取数字，即为样品的称量值。

4.3　pH 计

pH 计亦称酸度计，是一种用电位法测定水溶液酸度的电子仪器。它主要是利用一对电极在不同 pH 溶液中，产生不同的直流毫伏电动势输入到电位计后，经过电子转换，最后在指示器指示出测量结果。pH 计有多种型号，如雷磁 25 型、pHS-2 型、pHSW-3D 型、pHS-25 型、pHS-10B 型、pHS-3 型等，但基本原理、操作步骤大致相同。现以 6173R 型台式 pH 计为例，来说明其操作步骤及使用注意事项（见图 4-3，图 4-4）。

4.3.1　6173R 型台式 pH 计的基本原理

酸度计测定 pH 值的基本原理是在待测溶液中插入两个电

图 4-3　6173R 型台式 pH 计

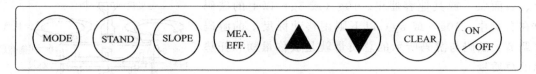

图 4-4　6173R 型台式 pH 计面板图

极，一个为指示电极（常用玻璃电极），其电极电势随溶液的 pH 值而改变；另一个为参比电极（常用饱和甘汞电极），其电极电势在一定条件下具有一定值。这两个电极构成一个电池。由于在一定条件下参比电极的电极电势具有固定值，所以该电池的电动势便取决于指示电极电势的大小，即取决于待测溶液 pH 的大小。当溶液的 pH 固定时，电池的电动势就为一定值，而且通过酸度计内的电子仪器放大后，可以准确地测量出来。为了使用方便，酸度计是直接以 pH 作为标度的。

测量前，先用 pH 标准溶液来校正仪器上的标度（这一步骤系由定位调节器来校正，因此也称定位），使标度上所指示的值恰为标准溶液的 pH 值；然后换上待测溶液，便可直接测得其 pH 值（此步叫做测量）。为了提高测量的准确度，校正时标度所选用的标准溶液的 pH 值应与待测溶液的 pH 值相近。此外，还装有温度旋钮，使用时应将旋钮调节到与待测溶液的温度相同的标度，以消除温度对 pH 测量值的影响。

4.3.2　6173R 型台式 pH 计的 pH 校正步骤

（1）校正液组的选择　本机提供两组校正液 pH=7.00、4.01、10.01 或 pH=6.86、4.00、9.18。

（2）在 AUTOLOCK pH 模式自动温度补偿下校正

① 将 600P 电极和 6230AST 温度探棒或 6005P 三合一电极清洗后放入校正液 pH7.00 或 pH6.86 中，仪器显示校正液的酸碱值和温度；

② 按 STAND 键，LCD 上的 STAND 会亮，WAIT 开始闪烁，并等待仪器自动锁定，锁定后 WAIT 消失，SLOPE 开始闪烁；

③ 将 600P 电极和 6230AST 温度探棒或 6005P 三合一电极清洗后放入校正液 pH 4.01/pH 10.1（与 pH 7.00 对应，二者选一）或 pH 4.00/pH 9.18（与 pH 6.86 对应，二者选一）中，仪器显示校正液的酸碱值和温度；

④ 按 SLOPE 键，LCD 上的 SLOPE 会亮，WAIT 开始闪烁，并等待仪器自动锁定，锁定后 WAIT 消失，HOLD 会亮（在未按 MEA/EFF 键前可重复按 SLOPE 键），完成此步骤后即可测量。

4.3.3　6173R 型台式 pH 计的测量步骤

在 AUTOLOCK pH 模式自动温度补偿下测量。将 600P 电极和 6230AST 温度探棒或 6005P 三合一 pH 电极洗后放入待测溶液中，按 MEA/EFF 键，LCD 上的 WAIT 开始闪烁，当 HOLD 亮时，即完成测试，若无法锁住，可到 pH 模式下测量。

4.4　分光光度计

分光光度计是用于测量物质对光的吸收程度，并进行定性、定量分析的仪器。可见分光光度计是实验室常用的分析测量仪器，其型号较多，如 72 型、721 型、722 型、723 型、UNICO WFJ-2000 型可见分光光度计和 WFZ-2000 型紫外可见分光光度计以及 VIS-7220N

型可见分光光度计等。

4.4.1 原理

分光光度计分析的原理是利用物质对不同波长光的选择吸收现象来进行物质的定性和定量分析,通过对吸收光谱的分析,也可判断物质的结构及化学组成。

本仪器是根据相对测量原理工作的,即选定某一溶剂(蒸馏水、空气或标准样品)作为参比溶液,并设定它的透射比(即透过率 T)为 100%,而被测试样的透射比是相对于参比溶液而得到的。透射比的变化和被测物质的浓度有一定的函数关系,在一定的范围内,它符合朗伯-比耳定律。

$$T = \frac{I}{I_0}$$

$$A = KCL = -\lg \frac{I}{I_0}$$

式中,T 为透射比;A 为吸光度;C 为溶液浓度;K 为溶液的吸光系数;L 为液层在光路中的长度;I_0 为入射光强度;I 为透射光强度。

4.4.2 仪器操作程序

这里着重介绍 UNICO UV-2000 型分光光度计和 VIS-7220N 型可见分光光度计的使用。

4.4.2.1 UNICO UV-2000 型分光光度计

UNICO UV-2000 型分光光度计(见图 4-5)有透射比、吸光度、已知标准样品的浓度值或斜率测量样品浓度等测量方式,可根据需要选择合适的测量方式。

在开机前,需先确认仪器样品室内是否有物品挡在光路上,光路上有阻挡物将影响仪器自检甚至造成仪器故障。

(1)基本操作

无论选择用何种测量方式,都必须遵循以下基本操作步骤。

图 4-5 UNICO UV-2000 型分光光度计

① 连接仪器电源线,确保仪器供电电源有良好的接地性能。

② 接通电源,使仪器预热 20 分钟(不包括仪器自检时间)。

③ 用〈MODE〉键设置测试方式,即透射比(T)、吸光度(A)、已知标准样品浓度值方式(C)和已知标准样品斜率(F)方式。

④ 用波长选择旋钮设置所需的分析波长。

⑤ 将参比样品溶液和被测样品溶液分别倒入比色皿中,打开样品室盖,将盛有溶液的比色皿分别插入比色皿槽中,盖上样品室盖。一般情况下,参比样品放在第一个槽位中。仪器所附的比色皿,其透射比是经过配对测试的,未经配对处理的比色皿将影响样品的测试精度。比色皿透光部分表面不能有指印、溶液痕迹,被测溶液中不能有气泡、悬浮物,否则也将影响样品测试的精度。

⑥ 将 0%T 校具(黑体)置入光路中,在 T 方式下按"0%T"键,此时显示器显示"000.0"。

⑦ 将参比样品推(拉)入光路中,按"0A/100%T"键调 0A/100%T,此时显示器显示的"BLA"直至显示"100.0"%T 或"0.00"A 为止。

⑧ 当仪器显示器显示出"100.0"%T 或"0.000"A 后,将被测样品推(拉)入光路,

这时，便可从显示器上得到被测样品和透射比或吸光度值。

(2) 样品浓度的测定方法

① 已知标准样品浓度值的测量方法

a. 用〈MODE〉键将测试方式设置至 A（吸光度）状态。

b. 用波长旋钮设置样品的分析波长，根据分析规程，每当分析波长改变时，必须重新调整 OA/100% 和 0%T。

c. 将参比样品溶液、标准样品溶液和被测样品溶液分别倒入比色皿中，打开样品室盖，将盛有溶液的比色皿分别插入比色皿槽中，盖上样品室盖。一般情况下，参比样品放在第一个槽位中。

d. 将参比样品推（拉）入光路中，按"OA/100%"键调 OA/100%T，此时显示器的"BLA"直至显示"0.000" A 为止。

e. 用〈MODE〉键将测试方式设置至 C 状态。

f. 将标准样品推（拉）入光路中。

g. 按"INC"或"DEC"键将已知的标准样品浓度值输入仪器，当显示器显示样品浓度值时，按"ENT"键。浓度值只能输入整数值，设定范围为 0～1999。（注意：若标样浓度值与它的吸光度的比值大于 1999 时，将超出仪器测量范围，此时无法得到正确结果。比如标准溶液浓度为 150，其吸光度 0.065，二者之比为 150/0.065＝2308，已大于 1999。这时可将标样浓度值除以 10 后输入，即输入 15 后进行测试。只是你在下面第 h 步测得的浓度值，需要乘以 10，以扩大十倍)。

h. 将被测样品依次推（或拉）入光路，这时，便可从显示器上分别得到被测样品的浓度值。

② 已知标准样品浓度斜率（K 值）的测量方法

a. 用〈MODE〉键将测试方式设置至 A（吸光度）状态。

b. 用波长旋钮设置样品的分析波长，根据分析规程，每当分析波长改变时，必须重新调整 OA/100% 和 0%T。

c. 将所得参比样品溶液和被测样品溶液分别倒入比色皿中，打开样品室盖，将盛有溶液的比色皿分别插入比色皿槽中，盖上样品室盖。一般情况下，参比样品放在第一个槽位中。

d. 将参比样品推（拉）入光路中，按"OA/100%"键调 OA/100%T，此时显示器的"BLA"直至显示"0.000" A 为止。

e. 用〈MODE〉键将测试方式设置至 F 状态。

f. 按"INC"或"DEC"键输入已知的标准样品斜率值，当显示器显示标准样品斜率时，按"ENT"键。这时，测试方式指示灯自动指向"C"，斜率只能输入整数值。

g. 将被测样品依次推（或拉）入光路，这时，便可从显示器上分别得到被测样品的浓度值。

4.4.2.2　VIS-7220N 型可见分光光度计

VIS-7220N 型可见分光光度计及其面板结构如图 4-6、图 4-7 所示，各键盘的使用如下。

MODE：在测量模式、曲线模式间循环切换。

TAB：在测量模式下将在打印机上打印一个空白的报告头；

　　　在曲线模式下依次切换选择当前功能；

在曲线预览状态下切换显示曲线的 K、B 值与 N、R 值；

在输入数据时切换光标位置。

100％：在测量模式下将透过率调百、吸光率调零；

在曲线状态下依次切换选择当前功能；

在曲线预览状态下依次切换，选择当前曲线；

在输入数据时向上翻动可输入的数字与符号。

0％：在测量模式下将透过率调零；

在曲线模式下依次切换选择当前功能；

在曲线预览状态下依次切换选择当前曲线；

在输入数据时向下翻动可输入的数字与符号。

EDIT：在曲线模式中的 EDIT 功能的曲线预览状态下直接编辑当前曲线的 K、B 值；

在点编辑状态下编辑空白或已存在标样点的 A、C 值。

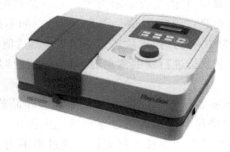

图 4-6　VIS-7220N 型可见分光光度计

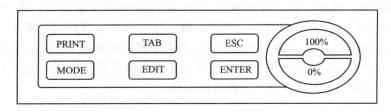

图 4-7　VIS-7220N 型可见分光光度计面板

（1）键盘的使用说明

ENTER：确认当前操作进入下一级或下一步；

在曲线模式中的 LOAD 功能的曲线预览状态下调用当前曲线并进入浓度测量模式；

在曲线模式中的 NEW 功能的曲线预览状态下，在当前曲线位置新建一条曲线，并进入该曲线的点编辑状态，如果该曲线位置已存在曲线，将询问用户是否删除当前曲线；

在曲线模式中的 EDIT 功能的曲线预览状态下进入当前曲线的点编辑状态；

在点编辑状态下提示用户是否删除已存在标样点。

ESC：放弃当前操作，返回上一级；

由浓度测量模式转到标准测量模式。

PRINT：在测量模式下打印当前的测量值，即透过率与吸光度，如果正在进行浓度测量也会打印出浓度值；

在曲线预览状态下打印当前曲线的参数值 N、R、K、B；

在点编辑状态下打印出当前曲线所有标准样品点的吸光度与浓度值。

（2）仪器的测量功能

① 仪器测量前的调整

a. 打开仪器开关，仪器将自动进入标准测量模式，将仪器预热 15 分钟后即可进行测量。

b. 旋转波长旋钮，使波长显示窗示数为测量波长。

c. 将空白溶液、挡光块放入样品池，并关好样品室门。

d. 将空白溶液拉入光路，按 100% 键进行调百，待液晶显示 T 值为 100% 时表示已调整完毕。

e. 将挡光杆拉入光路，观察 T 值是否显示为零，如不是则按 0% 键调零。

f. 将空白溶液再次拉入光路，观察 T 值是否为 100%，如不是则再次进行调百调零直至参比的透过率（T）测量值为 100%，挡光块透过率（T）测量值为 0% 时完成仪器的调整。

注意：如果需要在另一个波长进行新的测量时可以不进行预热，需从步骤 b 开始重新进行调整。

② 透射比与吸光度的测量　在完成仪器的调整后，将样品放入样品池，将其拉入光路中，此时所显示的 T 与 A 值便是此样品的透过率与吸光度值。

注意：在测量过程中，如果发现在拉入挡光杆时透过率不为 0，拉入空白溶液时透过率不为 100%，并已超过误差范围时，需重新进行仪器的调整。

③ 浓度的测量　浓度的测量需要调入一条已建立的标准浓度曲线，建立浓度曲线的方法参考说明书。在完成仪器的调整后，将样品放入样品池，将其拉入光路中。按 MODE 键进入曲线模式，选择 LOAD 功能，在曲线预览状态下将光标移动至所需调入的浓度曲线上，按 ENTER 键，系统将调用该条浓度曲线，并自动返回浓度测量模式。此时 C* 后面所显示的数值即为样品浓度值，其中 * 为所选曲线的编号。

4.5 电导率仪

4.5.1 基本原理

在电场作用下，电解质溶液导电能力的大小常以电阻 R 或是电导 G 表示。电导是电阻的倒数：

$$G = \frac{1}{R}$$

式中，电阻、电导的 SI 单位分别是欧姆（Ω）、西门子（S），显然 $1S = 1\Omega^{-1}$。

导体的电阻与其长度（L）成正比，而与其截面积（A）成反比：

$$R \propto \frac{l}{A}, \quad R = \rho \frac{l}{A}$$

式中，ρ 为电阻率或比电阻，$\Omega \cdot cm$。根据电导与电阻的关系：

$$G = \frac{1}{R} = \frac{1}{\rho \frac{l}{A}} = \frac{1}{\rho} \times \frac{A}{l} = \kappa \frac{A}{l}$$

$$\kappa = G\frac{l}{A}$$

式中，κ 称为电导率，它是长 1m、截面积为 $1m^2$ 导体的电导，$S\cdot m^{-1}$。对电解质溶液来说，电导率是电极面积为 $1m^2$、两极间距离为 1m 之间的电导。溶液的浓度为 c，通常用 $mol\cdot L^{-1}$ 表示，$1mol\cdot L^{-1}$ 表示含有 1mol 电解质溶液的体积为 1L 或 $1\times10^{-3}m^3$，此时溶液的摩尔电导率等于电导率和溶液体积的乘积：

$$\Lambda_m = \kappa\frac{10^{-3}}{c}$$

摩尔电导率的单位为 $S\cdot m^2\cdot mol^{-1}$。摩尔电导率的数值通常是测定溶液的电导率，用上式计算得到。

测定电导率的方法是将两个电极插入溶液中，测出两极间的电阻。对某一电极而言，电极面积 A 与间距 l 都是固定不变的，因此 l/A 是常数，称为电极常数或是电导池常数，用 J 表示。于是有

$$G = \kappa\frac{1}{J} \text{ 或 } \kappa = \frac{J}{R_x}$$

由于电导的单位西门子太大，常用毫西门子（mS）、微西门子（μS）表示，它们的关系是：

$$1S = 10^3 mS = 10^6 \mu S$$

不同的电极，其电极常数 J 不同，因此测出同一溶液的电导 G 也不同。通过上式换算成电导率 κ，由于 κ 的值与电极本身无关，因此用电导率可以比较溶液电导的大小。

电导率仪的测量原理（见图 4-8）是：由振荡器发生的音频交流电压加到电导池电阻与量程电阻所组成的串联回路中时，如溶液的电压越大，电导池电阻越小，量程电阻两端的电压就越大，电压经交流放大器放大，再经整流后推动直流电表，由电表可直接读出电导值。

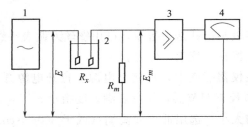

图 4-8 电导率仪测量原理
1—振荡器；2—电导池；3—放大器；4—指示器

溶液的电导取决于溶液中所有共存离子的导电性质的总和。对于单组溶液电导 G 与浓度 c 之间的关系，可用下式表示：

$$G = \frac{1}{1000}\times\frac{A}{l}Zkc$$

式中 A——电极面积，cm^2；
  l——电极间距离，cm；
  Z——每个离子上的电荷数；
  k——常数。

4.5.2 DDS-11A 型电导率仪

DDS-11A 型电导率仪（见图 4-9）是实验室常用的电导率测量仪器，它除能测量一般液

体的电导率外，还能测量高纯水的电导率，因此被广泛用于水质监测，水中含盐量、含氧量的测定以及电导滴定，测出低浓度弱酸及混合酸等。

图 4-9　DDS-11A 型电导率仪

DDS-11A 型电导率仪的面板结构如图 4-10 所示。

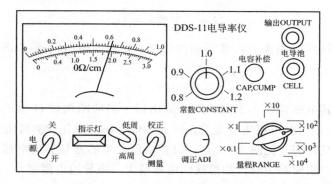

图 4-10　DDS-11A 型电导率仪面板

(1) 仪器使用方法

① 电源开启前，观察表头指针是否指零，可用螺丝刀调表头螺丝使指针指零。

② 将校正、测量开关拨在"校正"位置。

③ 将电源插头先插在仪器插座上，再接上电源。打开电源开关，预热数分钟（待指针完全稳定下来为止），调节校正调节器，使电表满刻度指示。

④ 根据液体电导率的大小，选用低周或高周（低于 $300\mu S \cdot cm^{-1}$ 用低周，$300 \sim 1000\mu S \cdot cm^{-1}$ 用高周），将低周、高周开关拨向"低周"或"高周"。

⑤ 将量程选择开关旋至所需要的测定范围。如果预先不知道待测液体的电导率范围，应先把开关旋至最大测量挡，然后再逐挡下降，以防表针被打弯。

⑥ 根据液体电导率的大小选用不同的电极（低于 $10\mu S \cdot cm^{-1}$ 用 DJS-1 型光亮电极，$10 \sim 10^4 \mu S \cdot cm^{-1}$ 用 DJS-1 型铂型铂黑电极）。使用 DJS-1 型光亮电极和 SJD-1 型铂黑电极时，把电极常数调节在与配套电极的常数相对应的位置。如配套电极常数为 0.97，则应把电极常数调节器调在 0.97 处。当待测溶液的电导率大于 $10^4 \mu S \cdot cm^{-1}$，以致用 DJS-1 型电极测不出时，选用 DJS-10 型铂黑电极，这时应把调节器调节在配套电极的 1/10 常数位置上。例如，电极的电极常数为 9.7，则应使调节器指在 0.97 处，再将测量的读数乘以 10，即为被测液的电导率。

⑦ 使用电极时，用电极夹夹紧电极的胶木帽，并通过电极夹把电极固定在电极杆上。

将电极插头插入电极插口内，旋紧插口上的坚固螺丝，再将电极浸入待测液中。

⑧ 将校正、测量开关拨在校正位置，调节校正调节器使电表指针指示满刻度。注意：为了提高测量精度，当使用 $\times 10^4\mu S\cdot cm^{-1}$ 挡或 $\times 10^3\mu S\cdot cm^{-1}$ 挡时，校正必须在接好电导池（电极插头插入插口，电极浸入待测溶液）的情况下进行。

⑨ 将校正、测量开关拨向测量，这时指示读数乘以量程开关的倍率即为待测溶液的实际电导率。如开关旋至 $\times 10^3\mu S\cdot cm^{-1}$ 挡，电表指示为 0.9，则被测液的电导率为 $900\mu S\cdot cm^{-1}$。

⑩ 用各挡时，看表头相应的刻度（0～1.0 或 0～3.0），即红点对红刻度，黑点对黑刻度。

⑪ 当用 $0～0.1\mu S\cdot cm^{-1}$ 或 $0～0.3\mu S\cdot cm^{-1}$ 挡测量高纯水时，先把电极引线插入电极插口，在电极未浸入溶液前，调节电容补偿调节器使电表指示为最小值（此最小值即电极铂片间的漏电阻，由于漏电阻的存在，使得调节电容补偿调节器时电表指针不能达到零点），然后开始测量。

(2) 注意事项
① 电极的引线不能潮湿，否则测不准。
② 高纯水被注入容器后应迅速测量，否则电导率将很快增加（空气中的 CO_2、SO_2 等溶入水中都会影响电导率的数值）。
③ 盛待测溶液的容器必须清洁，无其他离子沾污。
④ 每测一份样品后，都要用去离子（或蒸馏）水冲洗电极，并用滤纸吸干，但不能擦。

4.6 试纸

实验过程中经常用到各种试纸，用来检验反应产物或溶液酸碱度等，如已有 pH 试纸、醋酸铅试纸、淀粉碘化钾试纸等商品化的产品，有些非商品试纸可以自己制备，一般把滤纸条浸入试剂溶液，取出晾干即可。使用试纸时要注意节约，通常把试纸剪成小块使用，而不是整条使用。用后的试纸丢弃在垃圾桶内，不能丢在水槽内。

4.6.1 pH 试纸

pH 试纸用以检验溶液的 pH 值。pH 试纸分两类：一类是广泛 pH 试纸，变色范围是 pH 1～14，用来粗略检验溶液的 pH 值；另一类是精密 pH 试纸，这种试纸在溶液 pH 变化较小时就有颜色的变化，因而可较精确地估计溶液的 pH 值。根据其颜色变化范围可分多种，如变色范围为 pH 2.7～4.7、3.8～5.4、5.4～7.0、6.9～8.4、8.2～10.0、9.5～13.0 等。可根据待测溶液的酸碱性，选用某一变色范围的试纸。这里主要介绍广泛 pH 试纸的使用。

广泛 pH 试纸是用来测定 pH 1～14 范围内的溶液的 pH 值。不同酸碱度的溶液可使 pH 试纸显示出不同的颜色，通过与标准比色卡对照，就可以测出被测溶液的 pH 值。

pH 试纸的使用方法
(1) 检验溶液的性质　取一小块试纸在表面皿或玻璃片上，用沾有待测液的玻璃棒或胶头滴管点于试纸的中部，观察颜色的变化，判断溶液的性质。
(2) 检验气体的性质　先用蒸馏水把试纸润湿，粘在玻璃棒的一端，用玻璃棒把试纸靠近气体，观察颜色的变化，判断气体的性质。
(3) 注意事项

① 试纸不可直接伸入溶液。
② 试纸不可接触试管口、瓶口、导管口等。
③ 测定溶液的 pH 值时，试纸不可事先用蒸馏水润湿，因为润湿试纸相当于稀释被检验的溶液，会导致测量不准确。正确的方法是用蘸有待测溶液的玻璃棒点滴在试纸的中部，待试纸变色后，再与标准比色卡比较来确定溶液的 pH 值。
④ 取出试纸后，应将盛放试纸的容器盖严，以免被实验室的一些气体沾污。

4.6.2 其他常用试纸

(1) 淀粉碘化钾试纸　KI-淀粉试纸（白色）遇氧化性物质变蓝，用于定性检验如 Cl_2、Br_2 等氧化性气体的存在，试纸上浸有碘化钾和淀粉的混合物。当氧化性气体遇到湿的试纸后，则将试纸上的 I^- 氧化成 I_2，I_2 立即与试纸上的淀粉作用变成蓝色。如果气体氧化性强，而且量大时，还可以进一步将 I_2 氧化成无色的 IO_3^-，使蓝色褪去，因此使用时必须仔细观察试纸颜色的变化，否则会得出错误的结论。

(2) 酚酞试纸　酚酞试纸（白色）在碱性溶液中变红，用于检验溶液的酸碱性。

(3) 醋酸铅试纸　Pb(Ac)$_2$ 试纸（白色）可以用来检验痕量 H_2S 气体。当含有 S^{2-} 的溶液被酸化时，逸出的硫化氢气体遇到试纸后，即与纸上的醋酸铅反应，生成黑色的硫化铅沉淀，使试纸呈黑褐色，并有金属光泽。当溶液中 S^{2-} 浓度较小时，则不易检出。使用时，将小块试纸用去离子水润湿后放在试管口，需注意不要使试纸直接接触溶液。

(4) 石蕊试纸　石蕊试纸有红色或蓝色两种，红色石蕊试纸遇碱性溶液变蓝；蓝色石蕊试纸遇酸性溶液变红。

4.7　启普发生器的构造和原理

启普发生器是实验室常用的一种制备气体的装置，以荷兰人 P.J. 启普的姓命名，由葫芦状球形容器、球形漏斗和导气管三部分组成（图 4-11）。它是利用容器内气体压力的变化进行工作的。可以使反应随时发生和停止，可以控制气流速度，使用方便。是常温下利用块状固体跟液体起反应制取气体的典型装置，如制备氢气、二氧化碳、硫化氢等气体都可使用启普发生器。

4.7.1 使用方法

(1) 使用前
① 装配　在球形漏斗颈和葫芦状球形容器的玻璃旋塞磨口处涂少量凡士林油，插好并转动几次，使其严密。
② 检查气密性　开启旋塞，从球形漏斗口注水至充满半球体时，关闭旋塞。继续加水，待水从漏斗管上升到漏斗球体内，停止加水。静置后，若水面不下降，证明不漏气，可以使用。
③ 加试剂　在葫芦状球形容器的球体下部先放玻璃棉（以免固体掉入半球体底部），再从球形容器上部的导管口加入固体。加入的固体不超过中间球体的 1/3 为宜。再从球形漏斗加入适量稀酸。

(2) 使用时　打开活塞，容器内压强降低，酸液从球形漏斗流下，液体与固体接触[见图 4-11(a)]，发生反应，产生的气体从导管排出。

(3) 使用停止　关闭活塞，中止反应，容器内产生的气体压力增大，将液体压回球形漏斗，使液体与固体脱离接触，反应即自行停止[见图 4-11(b)]。

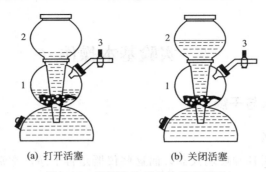

(a) 打开活塞　　　　　(b) 关闭活塞

图 4-11　启普发生器的构造和原理
1—葫芦状球形容器；2—球形漏斗；3—旋塞导管

4.7.2　注意事项

① 使用前要检查装置的气密性，排尽空气后再收集气体。

② 使用启普发生器制备氢气，应远离火源。

③ 移动启普发生器时，要握住球形容器的蜂腰处，千万不可单手握住球形漏斗，以免底座脱落造成事故。

④ 固体成粉末状、固体与液体相遇而溶解、或能产生高温的反应均不能用此装置。

5 实验基本操作

5.1 玻璃仪器的洗涤与干燥

5.1.1 玻璃仪器的洗涤

化学实验室经常使用各种玻璃仪器，而这些仪器是否干净，常常影响到实验结果的准确性，所以应该保证所使用的仪器是很干净的。"干净"两字的含义比我们日常生活中所说的干净程度要求要高，主要是指"不含有妨碍实验准确性的杂质"的意思。一般来说，玻璃仪器洗干净后，内壁附着的水应均匀，既不聚集成滴，也不成股流下。

洗涤玻璃仪器的方法很多，应根据实验的要求、污物的性质和沾污的程度来选用。一般来说，附着在仪器上的污物既有可溶性物质，也有尘土和其他不溶物质，还有油污和有机物质。针对这种情况，可以分别采用下列洗涤方法。

（1）直接使用自来水刷洗 用自来水冲洗对于水溶性物质以及附在仪器上的尘土及其他不溶物的除去有效，但难以除去油污及某些有机物。对于某些有机污染物，则应选取相应的有机溶剂洗涤。

（2）用去污粉、肥皂或合成洗涤剂刷洗 肥皂和合成洗涤剂的去污原理众所周知，不必重述。去污粉是由碳酸钠、白土、细沙等混合而成。使用时，首先用自来水浸泡润洗玻璃器皿，再加入少量去污粉，用毛刷刷洗污处，最后用自来水冲洗干净，必要时用蒸馏水冲洗2～3次。

注意：使用毛刷刷洗试管时，应将毛刷顶端的毛顺着伸入到试管中，用食指抵住试管末端，来回抽拉毛刷进行刷洗，不可用力过大。也不要同时抓住几只试管一起刷洗。

碳酸钠是一种碱性物质，具有强的去污能力，而细沙的磨擦作用以及白土的吸附作用则增强了仪器清洗的效果。待仪器的内外器壁都经过仔细擦洗后，用自来水冲去仪器内外的去污粉，要冲洗到没有细微的白色颗粒状粉末留下为止。

（3）用洗液洗 在进行精确定量实验时，或者所使用的仪器口径小、管细、形状特殊时，应该用洗液洗涤。洗液具有强的酸碱性、强氧化性、去油污和有机物的能力较强的特性，但对衣物、皮肤、桌面及橡皮的腐蚀性也较强，使用时应小心。

具体做法是：先将仪器用自来水刷洗，倒净其中的水，加入少量洗液，转动仪器使内壁全部为洗液所浸润，一段时间后，将洗液倒回原瓶。

使用洗液时应注意：①洗液为强腐蚀性液体，应注意安全；②洗液吸水性强，用完后应立即将洗液瓶子盖严；③洗液可反复使用，但是若洗液变为绿色（重铬酸钾还原成硫酸铬的颜色）时即失效，不能再使用。

能用别的洗涤方法洗干净的仪器，就不要用铬酸洗液洗，因为它具有毒性，流入下水道后对环境有严重污染。

（4）用蒸馏水（或去离子水）淋洗 经过上述方法洗涤的仪器，仍然会沾附有来自自来水的钙、镁、氯、铁等离子，因此必要时应该用蒸馏水（或去离子水）淋洗内部2～3次。

洗涤仪器时，应注意按照少量多次的原则，尽量将仪器洗涤干净；洗涤干净的仪器内外壁上不应附着不溶物、油污，仪器可被水完全湿润，将仪器倒置水即沿器壁流下，器壁上留下一层既薄又均匀的水膜，不挂水珠。

在实验中应根据实际情况和实验内容来决定洗涤程度，如在进行定量实验中，由于杂质的引进会影响实验的准确性，因此对仪器的洁净程度要求较高。对于一般的无机制备实验或者定性实验等，对仪器的洁净程度的要求相对较低，只要洗刷干净，不要求不挂水珠。制备实验有时也可以不要求用蒸馏水洗。

为了避免有些污物难以洗去，要求当实验完毕后，立即将所用仪器洗涤干净，养成一种用完即洗净的习惯。凡是洗净的仪器，决不能再用布或纸擦拭。否则，布或纸的纤维将会留在器壁上而沾污仪器。

5.1.2 沉淀垢渍的洗涤

一些不溶于水的沉淀垢渍经常牢固地黏附在仪器的内壁，需要根据沉淀的性质选用合适的试剂，用化学方法除去。表 5-1 介绍了几种常见污渍的处理方法。

表 5-1 常见污渍的处理方法

垢　　渍	处理方法
MnO_2、$Fe(OH)_3$、碱土金属的碳酸盐	用盐酸处理。对于 MnO_2 垢渍，盐酸浓度要大于 $6mol·L^{-1}$。也可以用少量草酸加水，并加几滴浓硫酸来处理
沉积在器壁上的银或铜	用硝酸处理
难溶的银盐	用 $Na_2S_2O_3$ 溶液洗，Ag_2S 垢渍则需用热、浓 HNO_3 处理
沾附在器壁上的硫黄	用煮沸的石灰水处理：$3Ca(OH)_2+12S \Longrightarrow 2CaS_5+CaS_2O_3+3H_2O$
残留在容器内的 Na_2SO_4 或 $NaHSO_4$ 固体	加水煮沸使其溶解，趁热倒掉
不溶于水，不溶于酸、碱的有机物和胶质等	用有机溶剂洗或者用热的浓碱液洗。常用的有机溶剂有酒精、丙酮、苯、四氯化碳、石油醚等
瓷研钵内的污渍	取少量食盐放在研钵内研洗，倒去食盐，再用水洗净
蒸发皿和坩埚上的污迹	用浓硝酸、王水或重铬酸盐洗液洗涤

5.1.3 洗涤液的配制

(1) 铬酸洗涤液（简称洗液） 将 25g 重铬酸钾固体在加热条件下溶于 50mL 水中，然后向溶液中慢慢加入 450mL 浓硫酸，边加边搅动。切勿将重铬酸钾溶液加到浓硫酸中。

(2) 碱性高锰酸盐洗涤液 将 4g 高锰酸钾溶于 5mL 水中，再加入 95mL 10% 的氢氧化钠溶液混合即得。

(3) 王水 一体积浓硝酸和三体积浓盐酸的混合液，因王水不稳定，所以使用时应现用现配。

(4) 碱性乙醇洗液 将 60g NaOH 溶于 80mL 水中，然后向溶液中加入 95% 乙醇至 500mL。

5.1.4 玻璃度量仪器的洗涤

度量仪器的洗净程度要求较高，有些仪器形状又特殊，不宜用毛刷刷洗，常用王水或洗液进行洗涤。度量仪器的具体洗涤方法如下。

(1) 滴定管的洗涤 先用自来水冲洗，使水流净。将酸式滴定管旋塞关闭，碱式滴定管除去乳胶管，用橡胶乳头将管口下方堵住。加入约 15mL 铬酸洗液，双手平托滴定管的两端，不断转动滴定管并向管口倾斜，使洗液流遍全管（注意：管口对准洗液瓶，以免洗液外溢!),可反复操作几次。洗完后,碱式滴定管由上口将洗液倒出,酸式滴定管可将洗液分别由两端放出,再依次用自来水和纯水洗净。如滴定管太脏,可将洗液灌满整个滴定管浸泡一段时间,此时,在滴定管下方应放一烧杯,防止洗液流在台面上。

(2) 容量瓶的洗涤　先用自来水冲洗,将自来水倒净,加入适量(15~20mL)洗液,盖上瓶塞。转动容量瓶,使洗液流遍瓶内壁,将洗液倒回原瓶,最后依次用自来水和纯水洗净。

(3) 移液管和吸量管的洗涤　先用自来水冲洗,用洗耳球吹出管中残留的水,然后将移液管或吸量管插入铬酸洗液瓶内,按移液管的操作,吸入约1/4容积的洗液,用右手食指堵住移液管上口,将移液管横置过来,左手托住没沾洗液的下端,右手食指松开,平转移液管,使洗液润洗内壁,然后放出洗液于瓶中。如果移液管太脏,可在移液管上口接一段橡皮管,再以洗耳球吸取洗液至管口处,以自由夹夹紧橡皮管,使洗液在移液管内浸泡一段时间,拔出橡皮管,将洗液放回瓶中。最后依次用自来水和纯水洗净。

5.1.5　仪器的干燥

仪器干燥的方法很多,但要根据具体情况,选用具体的方法。

(1) 晾干　不急用的仪器(或每次实验完毕后),将洗涤干净的仪器倒置于干净的仪器柜中或仪器架上任其自然干燥。

(2) 烤干　将洗涤干净的烧杯、蒸发皿等放置于石棉网上,用小火烤干;试管可直接烤干,在烤干试管过程中,开始要将试管口向下倾斜,以免水滴倒流导致试管炸裂,火焰也不要集中于一个部位,先从底部开始加热,慢慢移至管口,反复数次直至无水滴,最后将管口向上将水汽赶干净。

(3) 吹干　利用电吹风吹干。

(4) 烘干　将干净的仪器尽量倒干水后放入电热烘干箱烘干(控温105℃左右),放入烘箱的仪器口朝上,或在烘箱下层放一瓷盘,接受滴下的水珠。注意木塞、橡皮塞不能与玻璃仪器一同干燥,玻璃塞也应分开干燥。

(5) 有机溶剂快速干燥　带有刻度的计量仪器不能用加热的方法干燥,因此和一些急需用的仪器一样,需采用有机溶剂快速干燥法干燥:将易挥发的有机溶剂(如乙醇、丙酮等)少量加入到已经用水洗干净的玻璃仪器中,倾斜并转动仪器,使水与有机溶剂互溶,然后倒出,同样操作两次后,再用乙醚洗涤仪器后倒出,自然晾干或用电吹风吹干。

5.2　加热及冷却方法

5.2.1　加热方法

(1) 直接加热

① 直接加热试管中的液体前应擦干试管外壁,用试管夹夹住试管中上部(不要用手拿,以免烫伤),试管应稍倾斜,管口不能对着别人或自己,以免溶液在煮沸时迸溅到脸上,造成烫伤。液体量不能超过试管高度的1/3 [图5-1(b)]。加热时,应使液体各部分受热均匀,先加热液体的中上部,再慢慢往下移动,然后不时地上下移动。不要集中加热某一部分,否则易造成沸腾而迸溅。

加热烧杯、烧瓶、锥形瓶等玻璃仪器中的液体时,器皿必须放在石棉网上,以免受热不均匀而使仪器破裂（烧瓶还要用铁夹固定在铁架上）。所盛液体不应超过烧杯容量的 1/2 和烧瓶的 1/3。烧杯加热时还要适当搅动内容物，以防止暴沸。

② 加热试管中的固体时，方法稍不同于液体。通常管口应略低于管底，防止冷凝的水珠倒流到试管的灼热部位而使试管破裂［图 5-1(c)］。

③ 当需要在高温加热固体时，可把固体放在坩埚中用氧化焰灼烧［图 5-1(a)］。不要让还原焰接触坩埚底部，以免在坩埚底部结上黑炭，以致坩埚破裂。开始，先用小火烘烧坩埚，使坩埚受热均匀，然后加大火焰，根据实验要求控制灼烧温度和时间。停止加热时，要首先关闭煤气开关或者熄灭酒精灯。

要夹取高温下的坩埚时，必须使用干净的坩埚钳。先在火焰旁预热一下钳的尖端，再去夹取。坩埚钳用后，应平放在桌上（如果温度很高，则应放在石棉网上），尖端向上，保证坩埚钳尖端洁净。当灼烧温度要求不很高时，也可在瓷蒸发皿内进行。

实验室进行高温灼烧或反应时，常使用管式炉和箱式高温炉。用普通电炉丝加热时，最高使用温度为 950℃ 左右。用硅碳棒加热时最高使用温度可达到 1300℃ 左右。温度测量常采用热电偶和高温计。加热时可以通过自动调节电量来控制温度。

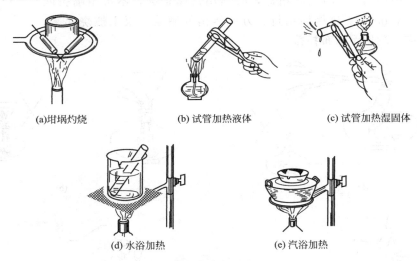

(a) 坩埚灼烧　　(b) 试管加热液体　　(c) 试管加热湿固体

(d) 水浴加热　　(e) 汽浴加热

图 5-1　各种加热方法

(2) 水浴加热　当被加热物质要求受热均匀，而温度又不超过 100℃ 时，可用水浴加热［图 5-1(d)］。当需要加热的温度在 90℃ 以下时，可将容器浸在水中（切勿使容器触及水浴锅底部），小心加热以保持所需的温度。如需加热到约 100℃，可用沸水浴，也可将容器放在水浴锅的铜圈或铝圈上，用酒精灯将水浴锅的水煮沸，利用水蒸气加热［图 5-1(e)］。水浴加热时，水浴锅盛水量不要超过其容量的 2/3，加热时要随时向水浴锅补充适量的水。在实验时常用一大小合适的烧杯代替水浴锅。

(3) 油浴和砂浴加热　当要求被加热物质受热均匀，温度又要高于 100℃ 时，可使用油浴或砂浴加热。

以油代替水浴锅中的水即是油浴，油浴所能达到的最高温度取决于所用油的沸点。使用油浴要小心，防止着火。

砂浴是将均匀细砂盛在一个耐高温（如铁等）器皿内，用酒精灯加热，被加热的器皿的下部埋置在砂中（见图 5-2），若

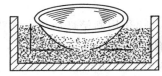

图 5-2　砂浴加热

要测量温度，可把温度计插入砂中。

5.2.2 热源的使用

实验室中常用的热源有酒精灯、酒精喷灯、电炉以及马弗炉等。

5.2.2.1 酒精灯的使用

(1) 构造　酒精灯的构造见图5-3。酒精灯的火焰温度通常在400～500℃。一般为玻璃制品，有一个带有磨口的玻璃灯罩。不用时必须将灯罩罩上，以免酒精挥发。

(2) 使用方法

① 使用酒精灯时，先要检查灯芯 [见图5-4(a)]。如果灯芯顶端不平或已烧焦，需要剪去少许使其平整。然后检查灯里有无酒精。向灯里添加酒精时，要用漏斗添加，也不能超过酒精灯容积的2/3。

图5-3　酒精灯的构造

1—灯帽；2—灯芯；3—灯壶

② 在使用酒精灯时，有几点要注意：a. 绝对禁止向燃着的酒精灯里添加酒精，以免失火 [见图5-4(b)]；b. 绝对禁止用酒精灯引燃另一只酒精灯 [见图5-4(c)]；c. 用完酒精灯，必须用灯帽盖灭，不可用嘴去吹 [见图5-4(d)]；d. 不要碰倒酒精灯，万一洒出的酒精在桌上燃烧起来，不要惊慌，应立刻用湿抹布扑盖。

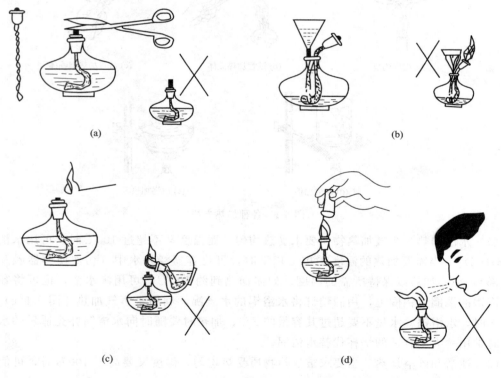

图5-4　酒精灯的使用

③ 用酒精灯加热。酒精灯的灯焰分为焰心、内焰、外焰三个部分。把一根火柴梗放在酒精灯的灯焰中（图5-5），1～2s后取出来。可以看到，处在火焰外层（外焰）的部分最先炭化，说明外焰温度最高，内焰燃烧不充分，温度较低，焰心温度最低。因此，应用外焰部分进行加热。

(3) 注意事项　在用酒精灯给物质加热时，有以下几点需要注意。

① 给液体加热可以用试管、烧瓶、烧杯、蒸发皿；给固体加热可以用干燥的试管、蒸发皿等。有些仪器如集气瓶、量筒、漏斗等不允许用酒精灯加热。

② 如果被加热的玻璃容器外壁有水，应在加热前擦拭干净，然后加热，以免容器炸裂。

③ 加热的时候，不要使玻璃容器的底部跟灯芯接触，也不要离得过远（图5-6），距离过近或过远都会影响加热效果。烧得很热的玻璃容器，不要立即用冷水冲洗，否则可能破裂。也不要直接放在实验台上，以免烫坏实验台。

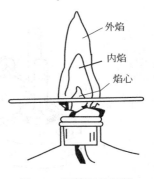

图5-5　酒精灯的灯焰

④ 给试管里的固体加热，应该先进行预热。预热的方法是：在火焰上来回移动试管。对已固定的试管，可移动酒精灯。待试管均匀受热后，再把灯焰固定在放固体的部位加热。

⑤ 给试管里的液体加热，也要进行预热，同时注意液体体积最好不要超过试管容积的1/3。加热时，使试管倾斜一定角度（约45°角）。在加热过程中要不时地移动试管。为避免试管里的液体沸腾喷出伤人，加热时切不可让试管口朝着自己和有人的方向。

⑥ 要使灯焰平稳，并适当提高温度可以加金属网罩（见图5-7）。

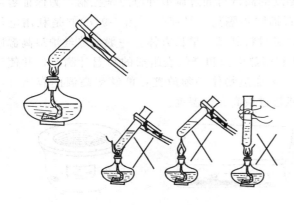

图5-6　试管正确加热方法

图5-7　金属网罩

5.2.2.2　酒精喷灯

酒精喷灯是由金属制成的，它的火焰温度可达700～1000℃，常用于灼烧固体或加工玻璃管。常用的酒精喷灯有座式［见图5-8(a)］和挂式［见图5-8(b)］两种。挂式喷灯的酒精储存在储罐内挂在高处，座式喷灯的酒精则储存在灯座内。

使用时首先向酒精储罐内注入1/2～2/3储罐体积的酒精，然后立即把盖拧紧。挂式酒精喷灯在添加酒精前要先关闭酒精储罐下面的开关，打开上口注入酒精，然后把储罐挂在高处。使用前，先在预热盘中加入酒精，点燃酒精加热灯管，待预热盘内酒精接近燃完时，将燃着的火柴移至灯口，同时开启空气调节器（挂式喷灯还需开启酒精储罐下面的开关），使酒精从灯座进入灯管，并受热汽化，与进气孔的空气混合并被点燃。调节空气调节器，可控制火焰的大小。使用完毕，挂式喷灯关闭空气调节器（顺时针旋紧），同时关闭储罐下面的开关，火即被熄灭。座式熄灭时用盖板将火焰盖灭或用湿布将其闷灭即可。

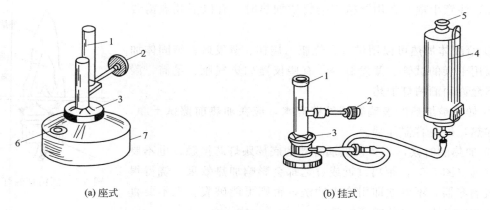

(a) 座式　　　　　　　　　　　　　　　　(b) 挂式

图 5-8　酒精喷灯的构造

1—灯管；2—空气调节器；3—预热盘；4—酒精储罐；5—盖子；6—铜帽；7—酒精壶

必须注意，若喷灯的灯管未烧至灼热，酒精在管内不能完全气化，会有液态酒精从管口喷出，形成"火雨"，甚至引起火灾。因此，必须在点燃前保证灯管充分预热，并在开始时使开关开小些，待观察火焰正常或没有"火雨"之后，才逐渐调大。

5.2.2.3　电炉、马弗炉

根据需要，实验室还经常用到电炉、马弗炉等加热设备，电炉［图 5-9(a)］是一种利用电阻丝将电能转化为热能的装置，使用温度的高低可通过调节外电阻来控制，为保证容器受热均匀，使用时反应容器与电炉间利用石棉网相隔离。马弗炉［图 5-9(d)］是利用电热丝或硅碳棒加热的密封炉子，炉膛利用耐高温材料制成，呈长方体。一般电热丝炉最高温度为950℃，硅碳棒炉为1300℃，炉内温度是利用热电偶和毫伏表组成的高温计测量，并使用温度控制器控制加热速度。使用马弗炉时，被加热物体必须放置在能够耐高温的容器（如坩埚）中，不要直接放在炉膛上，同时不能超过最高允许温度。

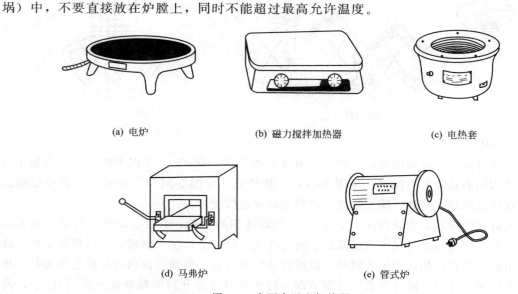

(a) 电炉　　　　　　(b) 磁力搅拌加热器　　　　　(c) 电热套

(d) 马弗炉　　　　　　　　　　　(e) 管式炉

图 5-9　常用高温电加热器

管式炉和马弗炉的温度测量不能用温度计而用一种高温计，高温计由一根热电偶和一只毫伏计组成。热电偶是由两根不同的金属丝焊接一端制成的（例如一根是镍铬丝，另一根是镍铝丝），把未焊接在一起的那一端连接到毫伏计的（＋）、（－）极上。将热电偶的焊接端伸入炉膛中，炉子温度愈高，金属丝发生的热电势也愈大，反映在毫伏计上，指针偏离零点也愈远。这就是高温计指示炉温的简单原理。

有时需要控制炉温在某一温度附近，这时只要把热电偶和一只接入线路的温度控制器连接起来，待炉温升到所需温度时，控制器就把电源切断，使炉子的电热丝断电停止工作，炉温就停止上升。由于炉子的散热，炉温刚稍低于所需温度时，控制器又把电源连通，使电热丝工作而炉温上升。不断交替，就可把炉温控制在某一温度附近。

5.2.3 冷却方法

（1）水浴 放热反应产生的热量，常使反应温度迅速提高，如控制不当，往往引起反应物的挥发，并可能引发副反应，甚至爆炸。为了将反应温度控制在一定的范围内，就需要适当的冷却，最简便的方法就是将盛有反应物的容器适时地浸入冷水浴中，可采用冷水、冰水、流动自来水冷却或自然冷却等。采用冰水冷却时，冰块要弄得很碎，为了更好地移除热量，加入少量的水使冰、水成糊状。

（2）冰盐浴 如需较低温度的冷却时可用冰-盐混合物，可冷至－20℃。它是在碎冰中混入1/3重量的食盐制成的。把干冰（固体CO_2）加到甲醇、丙醇及其他溶剂中（需要小心，会猛烈起泡！）组成的混合物，最低可达到－78℃的低温。

如果上述冷冻剂的效果都不理想，还可使用液氮，它可以冷却至－196℃。

如果要长期保持低温，就要使用冰箱。放在冰箱内的容器要塞紧，否则水汽会在物质上凝结，放出的腐蚀性气体也会侵蚀冰箱，容器要作好标记。表5-2列出了几种不同的冰盐浴。

表 5-2 几种不同的冰盐浴

盐　类	100 份碎冰中盐的份数	能够达到的最低温度/℃
NH_4Cl	35	－15
	50	－18
$NaNO_3$	33	－21
	100	－29
NaCl	125	－40
$CaCl_2 \cdot 6H_2O$	150	－49

5.3 固体物质的溶解、固液分离、蒸发（浓缩）和结晶

在无机制备、提纯过程中，常用到溶解、过滤、蒸发（浓缩）和结晶（重结晶）等基本操作。现分述如下。

5.3.1 固体溶解

当选定某一溶剂溶解固体样品时，可采取将大颗粒固体粉碎、加热和搅拌等措施以加速溶解。

（1）固体的粉碎 固体颗粒较大时，进行溶解前通常用研钵将固体粉碎。在研磨前，应先将研钵洗净擦干，加入不超过研钵总体积1/3的固体，缓慢沿一个方向进行研磨，最好不要在研钵中敲击固体样品。研磨过程中，可将已经研细的部分取出，过筛，较大的颗粒继续研磨。

（2）溶剂的加入 为避免烧杯内溶液由于溅出而损失，加入溶剂时应通过玻棒使溶剂慢慢流入。如溶解时会产生气体，应先加入少量溶剂使固体样品润湿为糊状，用表面皿将烧杯

盖好，再用滴管将溶剂自烧杯嘴加入，以避免产生的气体将试样带出。

（3）加热　物质的溶解度受温度影响，加热的目的主要在于加速溶解，应根据被加热物质稳定性的差异选用合适的加热方法。加热时要防止溶液的剧烈沸腾和迸溅，因此，容器上方应该用表面皿盖住。溶解完停止加热以后，要用溶剂冲洗表面皿和容器的内壁。注意：并不是加热对一切物质的溶解都有利，应该具体情况具体分析。

（4）搅拌　搅拌是加速溶解的一种有效方法，搅拌时手持玻棒并转动手腕，使玻棒在液体中均匀的转圈，注意转速不要太快，不要使玻棒碰到器壁发出响声。

5.3.2　固液分离

固体和液体的分离方法有三种：倾析法、过滤法、离心分离法。

（1）倾析法　当沉淀的相对密度较大或晶体的颗粒较大，静止后能很快沉降至容器的底部时，常用倾析法进行分离和洗涤。倾析法操作如图 5-10 所示，将沉淀上部的溶液倾入另一容器中而使沉淀与溶液分离。如需洗涤沉淀时，只要向盛沉淀的容器内加入少量洗涤液，将沉淀和洗涤液充分搅均匀。待沉淀降到容器的底部后，再用倾析法，倾去溶液。如此反复操作两三遍，即能将沉淀洗净。

图 5-10　倾析法

（2）过滤法　过滤是固液分离最常用的分离方法之一。当沉淀和溶液经过过滤器时，沉淀留在过滤器上；溶液通过过滤器而进入容器中，所得溶液称滤液。

过滤时，应考虑各种因素的影响而选用不同方法。溶液的黏度、温度、过滤时的压力、过滤孔隙的大小和沉淀物的状态都会影响过滤的速度和分离效果。通常热的溶液黏度小，比冷的溶液容易过滤，一般黏度越小，过滤越快。减压过滤因产生压强，故比在常压下过滤快。过滤器的孔隙大小有不同规格，应根据沉淀颗粒的大小和状态选择使用。孔隙太大，小颗粒沉淀易透过；孔隙太小，又易被小颗粒沉淀堵塞，使过滤难以继续进行。如果沉淀是胶状的，可在过滤前加热破坏，以免胶状沉淀透过滤纸。

常用的过滤方法有常压过滤（普通过滤）、减压过滤（吸滤）和热过滤三种。

① 常压过滤　此法最为简单、常用。选用的漏斗大小应以能容纳沉淀为宜。滤纸有定性滤纸和定量滤纸两种，根据需要加以选择使用。在无机定性实验中常用定性滤纸。

a. 滤纸的选择　滤纸按孔隙大小分为"快速"、"中速"和"慢速"三种，按直径大小分为 7cm、9cm、11cm 等几种。应根据沉淀的性质选择滤纸的类型，如 $BaSO_4$ 细晶形沉淀，应选用"慢速"滤纸；NH_4MgPO_4 粗晶形沉淀，宜选用"中速"滤纸；$Fe_2O_3 \cdot nH_2O$ 为胶状沉淀，需选用"快速"滤纸过滤。根据沉淀量的多少选择滤纸的大小，一般要求沉淀的总体积不得超过滤纸锥体高度的 1/3。滤纸的大小还应与漏斗的大小相适应，一般滤纸上沿应低于漏斗上沿约 1cm。

b. 漏斗　普通漏斗大多是玻璃做的，但也有搪瓷做的。通常分为长颈和短颈两种。在热过滤时，必须用短颈漏斗；在重量分析时，必须用长颈漏斗。如图 5-11 所示。

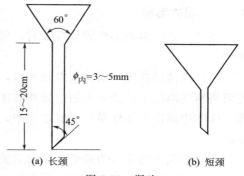

(a) 长颈　　　(b) 短颈

图 5-11　漏斗

普通漏斗的规格按斗径（深）划分，常用的有 30mm、40mm、60mm、100mm、120mm 等几种。过滤后欲获取滤液时，应先按过滤溶液的体积选择斗径大小适当的漏斗。

c. 滤纸的折叠　折叠滤纸前应先把手洗净擦干，以免弄脏滤纸。按四折法折成圆锥形，见图 5-12。如果漏斗正好为 60°角，则滤纸锥体角应稍大于 60°。做法是先把滤纸对折，然后再对折，为保证滤纸与漏斗密合，第二次对折时不要折死，先把锥体打开，放入漏斗（漏斗应干净而且干燥），如果上边缘不十分密合，可以稍微改变滤纸的折叠角度，直到与漏斗密合为止，此时可以把第二次的折边折死。

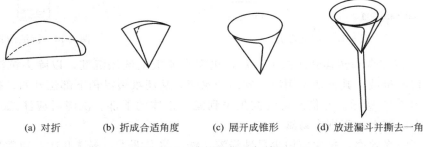

(a) 对折　　(b) 折成合适角度　　(c) 展开成锥形　　(d) 放进漏斗并撕去一角

图 5-12　滤纸的折叠与放置

滤纸锥体一个半边为三层，另一个半边为一层。为了使滤纸和漏斗内壁贴紧而无气泡，常在三层厚的外层滤纸折角处撕下一小块，此小块滤纸保存在洁净干燥的表面皿上，以备擦拭烧杯中残留的沉淀用。

滤纸应低于漏斗边缘 0.5～1cm。滤纸放入漏斗后，用手按紧使之密合。然后用洗瓶加少量水润湿滤纸，轻压滤纸赶去气泡，加水至滤纸边缘。这时漏斗颈内应全部充满水，形成水柱。由于液柱的重力可起抽滤作用，从而加快过滤速度。若不能形成水柱，可用手指堵住漏斗下口，稍掀起滤纸的一边，用洗瓶向滤纸和漏斗的空隙处加水，使漏斗充满水，压紧滤纸边，慢慢松开堵住下口的手指，此时应形成水柱，如仍不能形成水柱，可能漏斗形状不规范。如果漏斗颈不干净也影响形成水柱，这时应重新清洗。

将准备好的漏斗放在漏斗架上，漏斗下面放一盛接滤液的洁净烧杯，其容积应为滤液总量的 5～10 倍，并斜盖以表面皿。漏斗颈口（长的一边）紧贴杯壁，使滤液沿烧杯壁流下。漏斗放置位置的高低，以漏斗颈下口不接触滤液为准。在同时进行几份平行测定时，应把装有待过滤溶液的烧杯分别放在相应的漏斗之前，按顺序过滤，不要弄错。

d. 过滤和转移　过滤操作多采用倾析法，见图 5-13。即待烧杯中的沉淀下沉以后只将清液倾入漏斗中，而不是一开始就将沉淀和溶液搅混后过滤。溶液应沿着玻璃棒流入漏斗中，而玻璃棒的下端对着三层滤纸处，但不要接触滤纸。一次倾入的溶液一般最多只充满滤纸的 2/3，以免少量沉淀因毛细作用越过滤纸上沿而损失。倾析完成后，在烧杯内将沉淀作初步洗涤，再用倾析法过滤，如此重复 3～4 次。为了把沉淀转移到滤纸上，先用少量洗涤液把沉淀搅起，将悬浮液立即按上述方法转移到滤纸上，如此重复几次，一般可将绝大部分沉淀转移到滤纸上。残留的少量沉淀，按图 5-14 所示的方法可将沉淀全部转移干净。左手持烧杯倾斜着拿在漏斗上方，烧杯嘴向着漏斗。用食指将玻璃棒横架在烧杯口上，玻璃棒的下端向着滤纸的三层处，用洗瓶吹出的水流，冲洗烧杯内壁，沉淀连同溶液沿玻璃棒流入漏斗中。

(a) 倾斜静置　　　　(b) 过滤

图 5-13　沉淀过滤

图 5-14　沉淀的转移

e. 洗涤　沉淀全部转移到滤纸上以后，仍需在滤纸上洗涤沉淀，以除去沉淀表面吸附的杂质和残留的母液。其方法是用洗瓶吹出的水流，从滤纸边沿稍下部位开始，按螺旋形向下移动，如图 5-15 所示。并借此将沉淀集中到滤纸锥体的下部。洗涤时应注意，切勿使洗涤液突然冲在沉淀上，否则容易溅失。

为了提高洗涤效率，每次使用少量洗涤液，洗后尽量沥干，多洗几次，通常称为"少量多次"的原则。

沉淀洗涤至最后，用干净的试管接取几滴滤液，选择灵敏的定性反应来检验共存离子，判断洗涤是否完成。

② 减压过滤　此法可加速过滤，并使沉淀抽吸得较干燥。但不宜用于过滤胶状沉淀和颗粒太小的沉淀，因为胶状沉淀在快速过滤时易透过滤纸。颗粒太小的沉淀易在滤纸上形成一层密实的沉淀，溶液不易透过。装置如图 5-16。水泵起着带走空气的作用，使吸滤瓶内压力减小，造成瓶内与布氏漏斗液面上的压力差，因而加快了过滤速度。吸滤瓶用来盛接滤液。

图 5-15　沉淀的洗涤

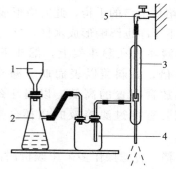

图 5-16　减压过滤的装置

1—布氏漏斗；2—吸滤瓶；3—水泵；4—安全瓶；5—自来水龙头

布氏漏斗上有许多小孔，漏斗管插入单孔橡皮塞，与吸滤瓶相接。应注意橡皮塞插入吸滤瓶内的部分不得超过塞子高度的 2/3。还应注意漏斗管下方的斜口要对着吸滤瓶的支管口。

当要求保留溶液时，需在吸滤瓶和抽气泵之间装上一安全瓶，以防止关闭水泵或水的流量突然变小时使自来水回流入吸滤瓶内（此现象称为反吸或倒吸），把溶液弄脏。安装时应注意安全瓶长管和短管的连接顺序，不要连错。吸滤操作具体如下。

a. 按图 5-16 装置连好仪器后，将滤纸放入布氏漏斗内，滤纸大小应略小于漏斗内径又能将全部小孔盖住为宜。用蒸馏水润湿滤纸，微开水门，抽气使滤纸紧贴在漏斗瓷板上。

b. 用倾析法先转移溶液，溶液量不应超过漏斗容量的 2/3，开大水门，待清溶液快流尽时将沉淀搅混后再转移到布氏漏斗。

c. 注意观察吸滤瓶内液面高度，当快达到支管口位置时，应拔掉吸滤瓶上的橡皮管，拔掉布氏漏斗，从吸滤瓶上口倒出溶液，不要从支管口倒出，以免弄脏溶液。

d. 洗涤沉淀时，应放小水门，使洗涤剂缓慢通过沉淀物，这样容易洗净。

e. 吸滤完毕或中间需停止吸滤时，应注意需先拆下连接水泵和吸滤瓶的橡皮管，然后关闭水龙头，以防反吸。

如果过滤的溶液具有强酸性或是强氧化性，溶液会破坏滤纸，此时可用玻璃砂芯漏斗。玻璃砂芯漏斗也叫垂熔漏斗或砂芯漏斗，是一种耐酸的过滤器，不能过滤强碱性溶液。过滤强碱性溶液可使用玻璃纤维代替滤纸。砂芯漏斗规格见表 5-3。

表 5-3　砂芯漏斗的规格

滤板代号	滤板孔径/μm	一般用途	滤板代号	滤板孔径/μm	一般用途
G_1	20～30	过滤胶状沉淀	G_3	4.5～9	滤除细小颗粒沉淀物
G_2	10～15	滤除较大颗粒沉淀物	G_4	3～4	滤除细小颗粒或较细颗粒沉淀物

目前也有许多实验室采用循环水式真空泵，它是以循环水作为工作流体的喷射泵，广泛用于蒸发、蒸馏、结晶干燥、过滤、减压升华等实验作业时抽出空气。如图 5-17 所示。具体操作为如下。

a. 首次使用该泵先将进水口连接，加水至水位浮标指示，插上电源。

b. 将实验装置套管接在真空吸头上，启动按钮，指示灯亮即开始工作，一个或并联抽气使用均可。

③ 热过滤　某些溶质在溶液温度降低时，易成晶体析出，为了滤除这类溶液中所含的其他难溶性杂质，通常使用热滤漏斗进行过滤（见图 5-18），防止溶质结晶析出。过滤时，把玻璃漏斗放在铜质的热滤漏斗内，热滤漏斗内装有热水（水不要太满，以免水加热至沸后溢出）以维持溶液的温度。也可以事先把玻璃漏斗在水浴上用蒸汽加热，然后再使用。热过滤选用的玻璃漏斗颈越短越好。

图 5-17　循环水式真空泵

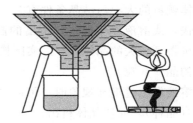

图 5-18　热过滤

（3）离心分离法　当被分离的沉淀量很少时，应采用离心分离法，此操作简单而迅速。实验室常用电动离心机（图 5-19）。操作时，把盛有混合物的离心管放入离心机的套管内，在此套管相对称位置上的空套管内放一同样大小的试管，内装与混合物等体积的水，以保持转动平衡。然后缓慢而均匀地转动离心机，再逐渐加速，1～2min 后，停止转动，使离心机自然停下。在任何情况下启动离心机都不能用力太猛，也不能用外力强制停止，否则会使离心机损坏而且易发生危险。电动离心机的使用和注意事项与手摇离心机基本相同，由于其转速极快，更应注意安全。

由于离心作用，沉淀紧密地聚集于离心管的尖端，上方的溶液是澄清的。可用滴管小心地吸出上方清液（图 5-20），也可将其倾出。如果沉淀需要洗涤，可以加入少量的洗涤液，用玻璃棒充分搅动，再进行离心分离，如此重复操作两三遍即可。

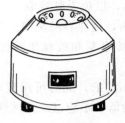

图 5-19　电动离心机

图 5-20　用小滴管吸取清液

5.3.3　蒸发（浓缩）、结晶（重结晶）

（1）蒸发（浓缩）　为了使溶质从溶液中析出晶体，常采用加热的方法使水分不断蒸发，溶液不断浓缩而析出晶体。蒸发通常在蒸发皿中进行，因为它的表面积较大，有利于加速蒸发。注意加热蒸发皿中液体的量不得超过其容量的 2/3，以防液体溅出。如果液体量较多，蒸发皿一次盛不下，可随水分的不断蒸发而继续添加液体。注意不要使瓷蒸发皿骤冷，以免炸裂。根据物质对热的稳定性可以选用酒精灯直接加热或用水浴间接加热。若物质的溶解度随温度变化较小，应加热到溶液表面出现晶膜时，停止加热。若物质的溶解度较小或高温时溶解度虽大但室温时溶解度较小，降温后容易析出晶体，不必蒸至液面出现晶膜就可以冷却。

（2）结晶（重结晶）

① 结晶是提纯固态物质的重要方法之一。通常有两种方法，一种是蒸发法，即通过蒸发或汽化，减少一部分溶剂，使溶液达到饱和而析出晶体，此法主要用于溶解度随温度改变而变化不大的物质（如氯化钠）。另一种是冷却法，即通过降低温度使溶液冷却达到饱和析出晶体，这种方法主要用于溶解度随温度下降而明显减小的物质（如硝酸钾），有时需要将两种方法结合使用。

晶体颗粒的大小与结晶条件有关，如果溶质的溶解度小，或溶液的浓度高，或溶剂的蒸发速度快，或溶液冷却得快，析出的晶粒就细小；反之，如采用"稀、热、慢、陈"的方式，就可得到较大的晶体颗粒。实际操作中，常根据需要，控制适宜的结晶条件，以得到大小合适的晶体颗粒。

当溶液发生过饱和现象时，可以振荡容器，用玻璃棒搅动或轻轻地摩擦器壁，或投入几粒晶体（晶种），促使晶体析出。

② 假如第一次得到的晶体纯度不合乎要求，可将所得晶体溶于少量溶剂中，然后进行蒸发（或冷却）、结晶、分离，如此反复的操作称为重结晶，有些物质的纯化，需经过几次重结晶才能完成。由于每次母液中都含有一些溶质，所以应收集起来，加以适当处理，以提高产率。

5.4　固体试剂的干燥

除去固体、气体或液体试剂中少量水分的过程称为干燥。不同试剂干燥的方法也不同。需干燥的液体试剂多是有机物，将在后续实验课中学习。在此主要介绍固体化合物的干燥。

5.4.1 自然干燥

自然干燥适用于在空气中稳定、不分解、不吸潮的固体。干燥时，把待干燥的物质放在干燥洁净的表面皿或其他器皿上，薄薄摊开，让其在空气中慢慢晾干。这是最简便、最经济的干燥方法。

5.4.2 加热干燥

适用于熔点较高且遇热不分解的物质。把待干燥的物质放于表面皿中，用恒温烘箱或红外灯烘干。在烘干过程中，应根据该物质的热稳定性调节烘箱的温度，以免温度过高导致物质分解或熔化。

5.4.3 干燥器干燥

易吸潮、分解或升华的物质，可用滤纸碎片轻压吸去水分，置于表面皿上储存于盛有干燥剂的干燥器里。

应按样品所含的溶剂来选择使用干燥剂类型。常用的干燥剂见表 5-4。

容易脱去氨的氨合物不宜使用浓硫酸或无水氯化钙作为干燥剂，而必须用生石灰。

表 5-4 干燥器内常用的干燥剂

干燥剂	吸去的溶剂或其他杂质	干燥剂	吸去的溶剂或其他杂质
生石灰(CaO)	H_2O、酸	P_2O_5	H_2O、醇
无水 $CaCl_2$	H_2O、醇	石蜡片	醇、醚、石油醚、苯、甲苯、氯甲苯、四氯化碳等
NaOH	H_2O、酸、酚、醇	硅胶	H_2O
浓 H_2SO_4	H_2O、酸、醇		

(1) 普通干燥器　普通干燥器是由厚壁玻璃制成，其结构如图 5-21(a) 所示。上面是一种边缘为磨口的盖子（盖子的磨口一般涂有密封油膏，如凡士林），器内的底部放有干燥的氧化钙或硅胶等干燥剂，中部有一个可取出的、带有若干孔洞的圆形瓷板，供盛放盛有待干燥物品的容器用。

准备干燥器时要用干的抹布将内壁和瓷板擦抹干净，一般不用水洗，以免不能很快干燥。干燥剂不要放得太满，装至干燥器下室的一半就够了，太多容易沾污容器。

开启干燥器时，不应把盖子往上提，而应用左手按住干燥器的下部，右手握住盖的圆顶，向前小心推开器盖。盖取下时，将盖倒置在安全处（不要使涂有凡士林的磨口触及桌面）。放入物体后，应及时将盖子盖好，此时也应把盖子往水平方向推移，使盖子的磨口与干燥器口吻合。

搬动干燥器时，必须用两手的大拇指将盖子按住，以防盖子滑落而打碎。

温度很高的物体必须冷却至略高于室温后，方可放入干燥器内。当放入受热不稳定的物体时，应将盖留一缝隙，稍等几分钟再盖严；也可以前后推动器盖稍稍打开 2~3 次。否则器内空气受热膨胀，可能将盖子冲开；即使能盖好，也往往因冷却后，器内空气压力降低至低于器外的空气压力，致使盖子很难打开。

(2) 真空干燥器　真空干燥器的干燥效率较普通干燥器好。其结构如图 5-21(b) 所

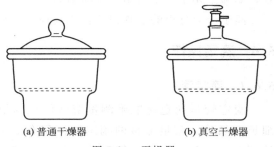

(a) 普通干燥器　　(b) 真空干燥器

图 5-21　干燥器

示。真空干燥器有玻璃活塞,用以抽真空,活塞下端呈弯钩状,口向上,防止在通向大气时因空气流入太快而将固体冲散。使用时一般用水泵抽气,真空度不宜过高,在抽气过程中,干燥器外围最好用布围住,以保证安全,启盖前,必须首先慢慢放入空气,然后启盖。

5.5 离子交换分离

5.5.1 离子交换柱装置

离子交换柱装置如图 5-22 所示,多采用圆柱形,柱长度和柱直径之比(L/D)大约为 10~30,用"95"硬质料玻璃、有机玻璃或聚乙烯塑料管加工而成。图 5-22(a) 是滴定管代用的,(b) 装置中,曲管顶端高出树脂面 h,可防止树脂干枯。

5.5.2 离子交换分离

离子交换分离法是利用离子交换剂与溶液中的离子发生交换反应而实现分离的方法。

离子交换剂的种类很多,主要分为无机离子交换剂和有机离子交换剂。后者又称为离子交换树脂,是应用较多的离子交换剂。

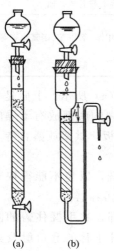

图 5-22 离子交换柱装置

离子交换树脂是具有可交换离子的有机高分子化合物。它分为阳离子交换树脂和阴离子交换树脂,分别能与溶液中的阳离子和阴离子发生交换反应。例如,磺酸型阳离子交换树脂 $R\text{-}SO_3H$ 和阴离子交换树脂 $R\text{-}NH_3^+OH^-$,就分别具有与阳离子交换的 H^+ 和与阴离子交换的 OH^-。当天然水流经这些树脂时,其中阳离子 Na^+、Mg^{2+} 和 Ca^{2+} 等就与 H^+ 发生交换反应(正向交换):

$$R\text{-}SO_3H + Na^+ \longrightarrow R\text{-}SO_3Na + H^+$$

阴离子 Cl^-、HCO_3^- 和 SO_4^{2-} 等与 OH^- 交换(正向交换):

$$R\text{-}NH_3OH + Cl^- \longrightarrow R\text{-}NH_3Cl + OH^-$$

在水中:

$$H^+ + OH^- \longrightarrow H_2O$$

经过多次交换,最后得到含离子很少的水,常称为去离子水。

同其他离子互换反应一样,上述离子交换反应也是可逆的,故若用酸或碱浸泡(反向交换)使用过的离子交换树脂,就可以使其"再生"继续使用。

离子交换法和溶剂萃取的最重要的应用莫过于成功而有效地分离那些性质极其相近的元素,如稀土元素、锆与铪、铌与钽等。

离子交换分离的步骤包括:①装柱;②离子交换;③洗脱与分离;④树脂再生。

5.6 滴定操作

5.6.1 滴定管

滴定管是滴定时准确测量溶液体积的量出式量器,它是具有精确刻度、内径均匀的细长玻璃管。常量分析的滴定管体积有 50mL 和 25mL,最小刻度为 0.1mL,读数可估计到 0.01mL。另外还有容积为 10mL、5mL、2mL、1mL 的半微量和微量滴定管。

滴定管一般分为酸式滴定管和碱式滴定管两种如图 5-23 所示。酸式滴定管下端有玻璃活塞开关，它用来装酸性溶液和氧化性溶液，不宜盛碱性溶液。碱式滴定管的下端连接一乳胶管，管内有玻璃珠以控制溶液的流出，乳胶管的下端再连一尖嘴玻璃管。凡是能与乳胶管起反应的氧化性溶液，如 $KMnO_4$、I_2 等，都不能装在碱式滴定管中。

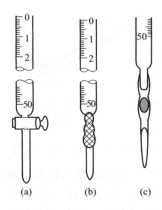

图 5-23　酸、碱式滴定管

(1) 使用前的准备

① 检查滴定管的密合性　酸式滴定管磨口旋塞是否密合是检验滴定管的质量指标之一。其检查的方法是将旋塞用水润湿后插入活塞内，管中充水至最高标线，用滴定管夹将其固定。密合性良好的滴定管，15min 后漏水不应超过 1 个分度（50mL 滴定管 1 个分度为 0.1mL）。

② 旋塞涂油　旋塞涂油是起密封和润滑作用，最常用的油是凡士林油。做法是：a. 将滴定管平放在台面上，抽出旋塞，用滤纸将旋塞及塞座内的水擦干，用手指蘸少许凡士林在旋塞的两侧涂上薄薄的一层，在旋塞孔的两旁少涂一些，以免凡士林堵住塞孔 [图 5-24 (a)]；b. 另一种涂油的做法是分别在旋塞粗的一端和塞座孔细的一端内壁涂一薄层凡士林，涂好凡士林的旋塞插入旋塞座孔内，沿同一方向旋转旋塞，直到旋塞部位的油膜均匀透明 [图 5-24 (b)]。如发现转动不灵活或旋塞上出现纹路，表示油涂的不够；若旋塞孔被堵，表示凡士林涂得太多。遇到这种情况，必须把旋塞和塞座孔擦干净后重新处理。应注意：在涂油过程中，滴定管始终要平放、平拿，不要直立，避免擦干的塞座孔又沾湿。涂好凡士林后，用乳胶圈套在旋塞的末端，以防活塞脱落破损。

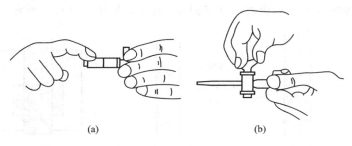

图 5-24　旋塞涂油

涂好油的滴定管要检漏。检漏的方法是将旋塞关闭，管中充水至最高刻度，然后将滴定管垂直夹在滴定管架上，放置 12min，观察尖嘴口及旋塞两端是否有水渗出；将旋塞转动 180°，再放置 2min，若前后两次均无水渗出，旋塞转动也灵活，即可洗净使用。

碱式滴定管应选择合适的尖嘴、玻璃珠和乳胶管（长约 6cm），组装后应检查滴定管是否漏水，液滴是否能灵活控制。如不合要求，则需重新装配。

③ 装入操作溶液　在装入操作溶液时，应由储液瓶直接灌入，不得借用任何别的器皿，例如漏斗或烧杯，以免操作溶液的浓度改变或造成污染。装入前应先将储液瓶中的操作溶液摇匀，使凝结在瓶内壁的水珠混入溶液。为除去滴定管内残留的水膜，确保操作溶液的浓度不变，应用该操作溶液润洗滴定管 2~3 次，每次用量约 10mL。润洗的操作要求是：先关好旋塞，倒入溶液，两手平端滴定管，即右手拿住滴定管上端无刻度部位，左手拿住旋塞无刻度部位，边转边向管口倾斜，使溶液流遍全管，然后打开滴定管的旋塞，使润洗液由下端

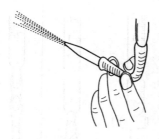

图 5-25 碱式滴定管排气

流出。润洗之后,随即装入溶液。用左手拇指、中指和食指自然垂直地拿住滴定管上部无刻度部位,右手拿储液瓶,将溶液直接加入滴定管至最高标线上。装满溶液的滴定管,应检查滴定管尖嘴内有无气泡,如有气泡,必须排出。对于酸式滴定管,可用右手拿住滴定管无刻度部位使其倾斜约30°,左手迅速打开旋塞,使溶液快速冲出,将气泡带走;对于碱式滴定管,可把乳胶管向上弯曲,出口上斜,挤捏玻璃珠中上方,使溶液从尖嘴快速冲出,即可排除气泡(见图 5-25)。

④ 滴定管的读数 将装满溶液的滴定管垂直地夹在滴定管架上。由于表面张力的作用,滴定管内的液面呈弯月形。无色水溶液的弯月面比较清晰,而有色溶液的弯月面清晰程度较差。因此,两种情况的读数方法稍有不同。为了正确读数,应遵守下列原则。

a. 读数时滴定管应垂直放置,注入溶液或放出溶液后,需等待 1~2min 后才能读数。

b. 无色溶液或浅色溶液,应读弯月面下缘实线的最低点。为此,读数时,视线应与液面两侧的最低点相切,如图 5-26(a) 所示。对于深色溶液如 $KMnO_4$、碘水等,可读两侧最高点的刻度,如图 5-26(b) 所示。

c. 滴定时,最好每次从 0.00mL 开始,或从接近 "0" 的任一刻度开始,这样可以固定在某一体积范围内量度滴定时所消耗的标准溶液,减少体积误差。读数必须准确至 0.01mL。

d. 为了协助读数,可采用读数卡。这种方法有利于初学者练习读数。读数卡可用黑纸或用一中间涂有一黑长方形(约 3cm×1.5cm)的白纸制成。读数时,将读数卡放在滴定管背后,使黑色部分在弯月面下约 1mm 处,此时即可看到弯月面的反射层成为黑色,然后读此黑色弯月面下缘的最低点,读数应准确到 0.01mL,如图 5-26(c) 所示。

(a) 无色及浅色溶液的读数   (b) 深色溶液的读数   (c) 衬黑白卡读数

图 5-26 滴定管读数

(2) 滴定操作 使用酸式滴定管时,应用左手控制滴定管旋塞,大拇指在前,食指和中指在后,无名指、小指顶住管壁无刻度处,手指略微弯曲,轻轻向内扣住旋塞,手心空握,以免碰旋塞使其松动,甚至可能顶出旋塞。右手握持锥形瓶,边滴边摇动,向同一方向做圆周旋转,而不能前后振动,否则会溅出溶液,如图 5-27(a) 所示。滴定速度一般为 10mL·min^{-1},即每秒 3~4 滴(即成串不成线)。临近滴定终点时,应一滴或半滴地加入,并用洗瓶吹入少量水冲洗锥形瓶内壁,使附着的溶液全部流下,然后摇动锥形瓶。如此继续滴定至准确到达终点为止。

使用碱式滴定管时,左手拇指在前,食指在后,捏住乳胶管中的玻璃球所在部位稍上处,向手心捏挤乳胶管,使其与玻璃球之间形成一条缝隙,溶液即可流出,如图 5-27(b) 所示。应注意,不能捏挤玻璃球下方的乳胶管,否则易进入空气形成气泡。为防止乳胶管来回摆动,可用中指和无名指夹注尖嘴的上部。

(a) 酸式滴定管的操作　　　　　(b) 碱式滴定管的操作

图 5-27　滴定操作

滴定通常在锥形瓶中进行，必要时也可以在烧杯中进行。采用碘量法、溴酸钾法等，则需在碘量瓶中进行反应和滴定。碘量瓶是带有磨口，玻璃塞与喇叭形瓶口之间形成一圈水槽的锥形瓶。槽中加入纯水可形成水封，防止瓶中反应生成的气体（I_2、Br_2 等）逸失。反应完成后，打开瓶塞，水即流下并可冲洗瓶塞和瓶壁。

(3) 滴定结束后滴定管的处理　滴定结束后，把滴定管中剩余的溶液倒掉（不能倒回原储液瓶），依次用自来水和纯水洗净，然后用纯水充满滴定管并垂直夹在滴定管架上，下尖嘴口距台底座 1～2cm，上管口用一滴定管帽盖住。

5.6.2　容量瓶

容量瓶是一种细颈梨形的平底瓶，带有磨口塞。瓶颈上刻有环线标线，表示在所指温度下（一般为 20℃）液体充满至标线时的容积，这种容量瓶一般是"量入"的容量瓶。但也有刻有两条标线的，上面一条表示量出的体积。容量瓶主要是用来把精密称量的物质配制成准确浓度的溶液或是将准确容积及浓度的浓溶液稀释成准确浓度及容积的稀溶液。常用的容量瓶有 25mL、50mL、100mL、250mL、500mL、1000mL 等各种规格。容量瓶的使用包括以下几个步骤。

(1) 容量瓶使用前应检查是否漏水　检查的方法如下：注入自来水至标线附近，盖好瓶塞，左手指顶住瓶塞，右手托住瓶底，将其倒立 2min，观察瓶塞周围是否有水渗出。如果不漏，再把塞子旋转 180℃，塞紧、倒置，如仍不漏水，则可使用。使用前必须把容量瓶按容量器皿洗涤要求洗涤干净。

容量瓶与塞要配套使用。瓶塞须用尼龙绳把它系在瓶颈上，以防掉下摔碎。系绳不要很长，约 2～3cm，以可打开瓶塞为限。

(2) 配制溶液的操作方法　将准确称量的试剂放在小烧杯中，加入适量水，搅拌使其溶解（若难溶，可盖上表面皿，稍加热，但须放冷后才能转移），沿玻璃棒把溶液转移至容量瓶中（图 5-28）。烧杯中的溶液倒尽后烧杯不要直接离开玻棒，而应在烧杯扶正的同时使杯嘴沿玻棒上提 1～2cm，随后烧杯即离开玻棒，这样可避免杯嘴与玻棒之间的一滴溶液流到烧杯外面。然后再用少量水冲洗杯壁 3～4 次，每次的冲洗液按同样操作转移至容量瓶中。当溶液达到容量瓶的 2/3 容量时，应将容量瓶沿水平方向摇晃使溶液初步混匀（注意：不能倒转容量瓶！），再加水至接近标线，最后用滴管从刻度线以上 1cm 处沿

图 5-28　容量瓶的使用

颈壁缓缓滴加纯水至溶液弯月面最低点恰好与标线相切。盖紧瓶塞，用食指压住瓶塞，另一只手托住容量瓶底部，倒转容量瓶，使瓶内气泡上升到顶部，边倒转边摇动，如此反复倒转摇动多次，使瓶内溶液充分混合均匀。

容量瓶是量器而不是容器，不宜长期存放溶液，如溶液需使用一段时间，应将溶液转移至试剂瓶中储存，试剂瓶应先用该溶液涮洗 2~3 次，以保证浓度不变。

注意：容量瓶不得在烘箱中烘烤，也不许以任何方式对其加热。

5.6.3 移液管、吸量管

移液管和吸量管是用于准确移取一定体积溶液的量出式的玻璃量器。移液管是中间有一膨大部分（称为球部）的玻璃管，球部上和下均为较细窄的管颈，上端管颈刻有一条标线，亦称"单标线吸量管"。常用的移液管有 10mL、25mL、50mL 等规格。

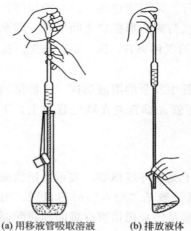

(a) 用移液管吸取溶液　　(b) 排放液体

图 5-29　吸、放液体操作

吸量管是具有分刻度的玻璃管，亦称分度吸量管。用于移取非固定量的溶液。常用的吸量管有 1mL、2mL、5mL、10mL 等规格。

移取溶液的操作：移取溶液前，必须用滤纸将管尖端内外的水吸去，然后用欲移取的溶液润洗全管 2~3 次，以确保所取溶液的浓度不变。移取溶液时，用右手的大拇指和中指拿住管颈上方，下部的尖端插入溶液中 1~2cm，左手拿洗耳球，先把球中空气压出，然后将球的尖端接在移液管口，慢慢松开左手使溶液吸入管内。当液面升高到刻度以上时，移去洗耳球，立即用右手的食指按住管口，将移液管下口提出液面，管的末端仍靠在盛溶液器皿的内壁上，略为放松食指，用拇指和中指轻轻捻转管身，使液面平稳下降，直到溶液的弯月面与标线相切时，立即用食指压紧管口，使液体不再流出。取出移液管，以干净滤纸片擦去移液管末端外部的溶液，但不得接触下口，然后插入盛接溶液的器皿中，使管的末端靠在器皿内壁上。此时移液管应垂直，盛接的器皿倾斜，移开食指，让管内溶液自然地全部沿器壁流下。如图 5-29 所示。等待 10~15s 后，拿出移液管。如移液管未标"吹"字，残留在移液管末端的溶液，不可用外力使其流出，因移液管的容积不包括末端残留的溶液。

有一种 0.1mL 的吸量管，管口上刻有"吹"字。使用时，末端的溶液必须吹出，不允许保留。

第二部分　实　　验

实验一　酒精喷灯的使用和玻璃管（棒）等简单加工

一、实验目的

1. 了解座式酒精喷灯的构造并掌握其正确使用方法。
2. 掌握截、弯、拉玻璃管（棒）的基本操作。
3. 学习塞子钻孔操作。

二、基本操作

1. 酒精喷灯使用

（1）酒精喷灯的构造　见第一部分　基本知识和基本操作5.2.2.2酒精喷灯。

（2）使用方法

① 添加酒精　打开铜帽用漏斗加酒精时，灯内储酒精量不能超过酒精壶的2/3。加完酒精后，应拧紧铜帽。

② 预热　预热盘中加2/3的酒精点燃，预热到火熄灭，调节空气调节器，灯管有酒精蒸气逸出，便可将灯点燃。若无蒸气，用探针疏通酒精蒸气出口后，再预热，点燃。

③ 调节　旋转调节器调节到正常火焰。

④ 熄灭　可盖灭，也可旋转调节器熄灭。

喷灯使用一般不超过30min。冷却，添加酒精后再继续使用。

2. 简单玻璃工操作

（1）玻璃管（或玻璃棒）的切割

首先将玻璃管（或玻璃棒）平放在桌面上，用锉刀的棱在左手拇指按住玻璃管的地方用力向一个方向锉出一道凹痕（见图1-1），不要像拉锯式地来回锉。如果玻璃管壁太厚或者玻璃棒太粗，可以在同一凹痕、同一方位上再锉几下，这样才能保证折断后的玻璃管（或玻璃棒）截面是平整的（见图1-2）。

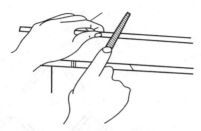

图1-1　用锉刀切割玻管

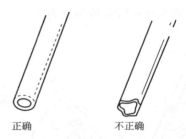

图1-2　两种玻璃管截面的比较

然后双手持玻璃管（玻璃棒），凹痕向外，用拇指在凹痕的后面轻轻外推，同时用食指和拇指把玻璃管向外拉，力慢慢地由小到大增加，以折断玻璃管为止（见图1-3）。

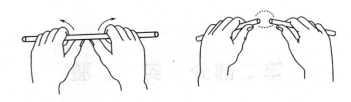

图 1-3　玻管（棒）的截断

刚折断的玻璃管的截断面很锋利，容易把手划破，且难以插入塞子的圆孔内，所以必须在酒精喷灯的氧化焰中熔烧。把截断面斜插入氧化焰中熔烧时，要缓慢地旋转玻璃管，使熔烧均匀，直到熔烧光滑为止（见图 1-4）。熔烧后的玻璃管应放在石棉网上冷却。不能把未冷却的玻璃递给同学或老师，以免发生烫伤事故。

（2）弯曲玻璃管的操作

手持玻璃管，把要弯曲的地方斜插入氧化焰中，以增大玻璃管的受热面积，也可以在煤气灯上罩以鱼尾灯头扩展火焰，来增大玻璃管的受热面积（见图 1-5），同时缓慢而均匀地转动玻璃管，两手用力要均等，转速要一致，以免玻璃管在火焰中扭曲，一直加热到玻璃管变黄变软。

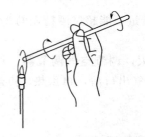
图 1-4　熔烧玻璃管的断截面

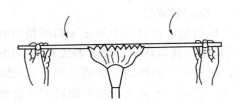
图 1-5　加热玻璃管的方法

然后自火焰中取出玻璃管，稍等片刻，使各部温度均匀，准确地把玻璃管弯成所需的角度。弯管的正确手法是"V"字形，两手在上方，玻璃管的弯曲部分在两手中间的下方（见图 1-6）。弯好后等其冷却变硬后，才把玻璃管放在石棉网上继续冷却。冷却后应检查其角度是否准确，整个玻璃管是否处在同一个平面上（见图 1-7）。

图 1-8 是玻璃管弯得好坏的比较。120°以上的角度可以一次弯成。较小的锐角可分几次弯成。先弯一个较大的角度，然后在第一次受热部位的稍偏左或右处进行第二次加热和弯曲，直到弯曲成所需的角度为止。

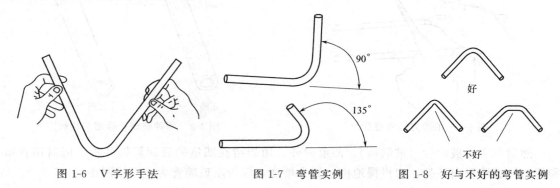

图 1-6　V字形手法　　　图 1-7　弯管实例　　　图 1-8　好与不好的弯管实例

(3) 拉玻璃滴管的操作

拉玻璃滴管时加热玻璃管的方法基本上与弯玻璃管时相同，不过要烧得更软一些。玻璃管应烧到红黄色时才从火焰中取出来，顺着水平方向，拉到所需要的细度为止。这时双手不能松开，一定要使玻璃管冷却后，才可以把手松开，再按需要用刀片轻轻截断滴管细部。如果要求滴管细部具有一定的厚度，须在烧软玻璃管过程中一边加热一边两手轻轻向中间用力挤压，使中间受热部分管壁加厚，然后按同样方法拉细。

滴管细部在氧化焰上瞬时加热，使其圆滑，但不能烧死。滴管尾部在氧化焰上加热，不断旋转，待红热后，在石棉网上挤压，做成喇叭状，以免套上橡胶滴头后脱落。

(4) 塞子钻孔

为了能在橡皮塞子上穿过玻璃管、温度计等，需要在塞子上预先钻大小合适的孔。常用的钻孔器是一组直径不同的金属管。在橡皮塞钻孔时，选择一个要比插入塞子的玻璃管略粗的钻孔器，并在钻孔器下端和塞子上涂抹凡士林、甘油或水等。钻孔时，左手拿住塞子，右手按住钻孔器的柄头，一面旋转，一面向塞子里面挤压，钻入预先选好的位置。由塞子较小的一面开始起钻，钻到一半深时，把钻孔器一面旋转一面拔出，用小铁条捅出钻孔器内的软木塞，再从塞子另一端相对应的位置操作，直到两头通透为止。钻孔时注意钻孔器与塞子表面保持垂直。

图 1-9 把玻璃管插入塞子的方法

玻璃管插入塞子前，前端必须用火熔光，并用水把玻璃管润湿。最好用毛巾包住玻璃管及塞子，轻轻转动穿入塞孔，如图 1-9 所示。

三、仪器、试剂及材料

酒精喷灯、玻璃棒、玻璃管、橡皮吸头、橡胶塞、塑料瓶、三角锉刀、钻孔器等。

四、实验内容

1. 座式酒精喷灯的使用

① 仔细观察喷灯以弄清其构造。

② 观察黄色火焰的形成：预热后，打开喷灯开关，将燃着的火柴放在管口旁将喷灯点燃。调小空气进入量，此时火焰呈黄色。用一个内盛少量水的蒸发皿放在黄色火焰上，皿底逐渐发黑（为什么？）。

③ 调节正常火焰：旋转灯管，逐渐加大空气进入量，黄色火焰逐渐变蓝，并出现三层正常火焰。观察各层火焰的颜色。

2. 玻璃管（棒）的烧制加工

(1) 截断玻璃管（棒）

① 先用一些玻璃管（棒）（最好用废品）反复练习截断玻璃管（棒）的基本操作。

② 制作与 100mL、250mL、500mL 烧杯配套的玻璃棒（如图 1-10 所示）各一根，断口熔烧至圆滑（不要烧过头）。

(2) 拉细玻璃管和玻璃棒

① 练习拉细玻璃管和玻璃棒的基本操作。

② 制作小搅棒和滴管各两支，规格如图 1-11 所示。

烧熔滴管小口一端要特别小心，不能久置于火焰中，以免管口收缩，甚至封死。粗口一

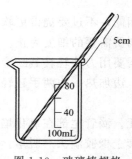

图 1-10 玻璃棒规格

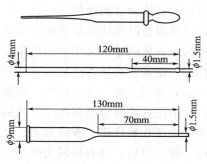

图 1-11 搅棒和滴管

端则应烧软,然后在石棉网上垂直加压(不能用力过大),使管口变厚略向外翻,便于套上橡皮吸头。制作的滴管规格要求是从滴管滴出 20~25 滴水,体积约等于 1mL。

(3) 弯曲玻璃管

① 练习玻璃管的弯曲,弯成 120°、90°、60° 等角度。

② 制作一支与 250mL 锥形瓶相配的玻璃管,留作实验二用。

3. 塞子钻孔

① 按 250mL 锥形瓶口直径的大小选取一合适的橡胶塞,塞子应能塞入瓶口 1/3~1/2 为宜。

② 按玻璃管直径选用一个钻孔管,在所选胶塞中间钻出一孔(见图 1-9)。

思考题

1. 座式酒精喷灯的使用过程中应注意哪些安全问题?

2. 在切割烧制玻璃管(棒)以及往塞孔内穿进玻璃管等操作中,应注意哪些安全问题?

3. 刚灼烧过的灼热玻璃和冷的玻璃往往外表难以分辨,如何防止烫伤?

4. 座式酒精喷灯正常火焰由哪三部分组成?应用哪一部分火焰加热?如何增大玻璃管受热面积?

实验二　二氧化碳相对分子质量的测定

一、实验目的

1. 学习气体相对密度法测定相对分子质量的原理和方法。
2. 掌握混合气体净化和干燥的原理和方法。
3. 熟悉使用启普发生器。
4. 学习天平的使用。

二、实验原理

阿佛伽德罗定律：在同温同压下，同体积的任何气体含有相同数目的分子。

p、V、T 相同的 A、B 两种气体，以 m_A、m_B 分别代表 A、B 两种气体的质量，M_A、M_B 分别代表 A、B 两种气体的相对分子质量。其理想气体状态方程式分别为：

气体 A $$p_A V_A = \frac{m_A}{M_A} RT \tag{2-1}$$

气体 B $$p_B V_B = \frac{m_B}{M_B} RT \tag{2-2}$$

得 $$\frac{m_A}{m_B} = \frac{M_A}{M_B} \tag{2-3}$$

测出同温同压下，同体积二氧化碳与空气在相同条件下的质量比，便可根据上式求出二氧化碳的相对分子质量。

即 $$M_{CO_2} = \frac{m_{CO_2}}{m_{空气}} \times 29.0 \tag{2-4}$$

二氧化碳的质量 m_{CO_2} 是由下列两次称量求得。

第一次称量充满空气的容器的质量：$G_1 = $ 容器质量 $+ m_{空气}$ $\hspace{2em}$ (2-5)

第二次称量充满二氧化碳的容器的质量：$G_2 = $ 容器质量 $+ m_{CO_2}$ $\hspace{2em}$ (2-6)

式(2-6)－式(2-5) 得

$$m_{CO_2} = (G_2 - G_1) + m_{空气} \tag{2-7}$$

式(2-5) 中空气质量 $m_{空气}$ 可用理想状态方程式求算：

$$m_{空气} = \frac{29.0 pV}{RT} \tag{2-8}$$

式中，p 和 T 分别为实验时的大气压力（kPa）和绝对温度；R 为气体常数；V 为容器的体积，它由下面的称量求得。

假定在同温同压下称量充满水的容器的质量为：

$$G_3 = 容器质量 + m_水 \tag{2-9}$$

由式(2-9)－式(2-5) 得

$$G_3 - G_1 = m_水 - m_{空气} \approx m_水 \tag{2-10}$$

因此

$$V = \frac{m_{水}}{d} \approx \frac{G_3 - G_1}{d} \tag{2-11}$$

式中，d 为水的密度（1.00g·mL^{-1}）。

由式(2-11) 式计算出 V 后，根据上述有关公式，可计算出二氧化碳的相对分子质量。

三、仪器、试剂及材料

仪器：台秤、天平、启普发生器。

试剂及材料：洗气瓶、锥形瓶、胶塞、大理石、玻璃丝、盐酸（6mol·L^{-1}）、浓 H_2SO_4、$NaHCO_3$ 溶液（饱和）。

四、实验内容

① 充满空气的锥形瓶和塞子的称量　取一个干燥的锥形瓶，用一个合适的胶塞塞住瓶口，在胶塞上做一记号，记住胶塞塞入瓶口的位置。然后称得质量 G_1（准至 0.001g）。

② 充满二氧化碳的锥形瓶和塞子的称量　从启普发生器出来的 CO_2，经过净化和干燥后（见图 2-1）导入锥形瓶底部。待 CO_2 充满瓶后，缓慢取出导气管，用胶塞塞入瓶口至原记号位置，进行称量。再重复充 CO_2 的操作，直到前后两次的称量只相差 1～2mg 为止，记下 G_2。

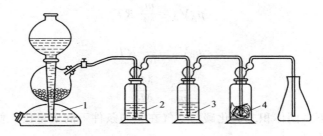

图 2-1　二氧化碳气体的发生和净化装置

1—启普发生器；2—洗气瓶（$NaHCO_3$ 溶液）；3—洗气瓶（浓 H_2SO_4）；4—洗气瓶（玻璃丝）

③ 充满水的锥形瓶和塞子的称量　往锥形瓶内加满水，塞好塞子（注意位置！），称得质量 G_3，记下实验时的温度 T 和大气压力 p（kPa）。

五、数据记录和结果处理

室温 T ＿＿＿＿＿＿＿℃

大气压 p ＿＿＿＿＿＿＿Pa

$G_1 = $ 容器质量 $+ m_{空气} = $ ＿＿＿＿＿＿＿ g

$G_2 = $ 容器质量 $+ m_{CO_2} = $ ＿＿＿＿＿＿＿ g

$G_3 = $ 容器质量 $+ m_{水} = $ ＿＿＿＿＿＿＿ g

$$V = \frac{m_{水}}{d} \approx \frac{G_3 - G_1}{d} = \underline{\qquad} \text{mL}$$

$$m_{空气} = \frac{29.0 pV}{RT} = \underline{\qquad} \text{g}$$

$$m_{CO_2} = (G_2 - G_1) + m_{空气} = \underline{\qquad} \text{g}$$

$$M_{CO_2} = \frac{m_{CO_2}}{m_{空气}} \times 29.0 = \underline{\qquad} \text{g}$$

$$相对误差 = \frac{测量值-理论值}{理论值} \times 100\% = \underline{\qquad}$$

思考题

1. 如何证实收集二氧化碳的容器已经充满二氧化碳？
2. 充满空气或二氧化碳的容器的质量，为什么要在分析天平上称量，而充满水的容器的质量却可在托盘天平上称量？
3. 第一次充满空气的锥形瓶质量为 G_1，第二次充满二氧化碳的锥形瓶质量为 G_2，第三次充满水的锥形瓶质量为 G_3，前后三次要求用同一锥形瓶还是用不同锥形瓶？
4. 使用启普发生器时，应如何检验其气密性？
5. 用饱和 $NaHCO_3$、浓 H_2SO_4 净化各起什么作用？顺序能否颠倒？

实验三 由胆矾精制五水硫酸铜

一、实验目的
1. 巩固托盘天平的使用。
2. 掌握溶解、蒸发、常压过滤、减压过滤、结晶等基本操作。
3. 了解重结晶法提纯物质的原理和方法。

二、实验原理
本实验以粗硫酸铜（俗名胆矾）晶体为原料进行五水硫酸铜的提纯。粗硫酸铜中主要含有不溶性杂质和可溶性杂质。可溶性杂质以 $FeSO_4$、$Fe_2(SO_4)_3$ 为最多。用过滤法除去粗硫酸铜中的不溶性杂质。用过氧化氢溶液将亚铁氧化为三价铁，并使三价铁在 pH≈4 时全部水解为 $Fe(OH)_3$ 沉淀而除去。溶液中的其他可溶性杂质可根据 $CuSO_4 \cdot 5H_2O$ 的溶解度随温度升高而增大的性质，用重结晶法使它们留在母液中，从而得到较纯的五水硫酸铜晶体。

相关反应式：

$$2Fe^{2+} + H_2O_2 + 2H^+ = 2Fe^{3+} + 2H_2O$$

$$Fe^{3+} + 3H_2O = Fe(OH)_3 + 3H^+$$

三、仪器、试剂及材料
仪器：托盘天平、酒精灯或电炉、干燥器、减压过滤装置、漏斗、水浴锅。

试剂及材料：NaOH（$2mol \cdot L^{-1}$）、H_2O_2（3%）、H_2SO_4（$2mol \cdot L^{-1}$）、乙醇（95%），pH 试纸、滤纸、称量纸、粗硫酸铜。

四、实验内容
1. 初步提纯

① 用干燥洁净的 100mL 烧杯在台秤上称取粗硫酸铜 8.0g，加入约 50mL 水，将烧杯置于石棉网上加热、搅拌至完全溶解，减压过滤以除去不溶物（大块的硫酸铜晶体应先在研钵中研细）。

② 滤液用 $2mol \cdot L^{-1}$ NaOH 逐滴加入，调节至 pH≈4（用 pH 试纸），滴加 3% H_2O_2（约 1~2mL，若 Fe^{2+} 含量高需多加些）。如果溶液的酸度提高，需再次调整 pH 值。加热溶液至沸腾，数分钟后趁热常压过滤。

③ 将滤液转入蒸发皿内，加入 2~3 滴 $2mol \cdot L^{-1}$ H_2SO_4 使溶液酸化。水浴加热，蒸发浓缩到有晶膜出现（不能蒸干）。冷至室温，减压过滤，抽干，称重。

2. 重结晶

上述产品放于烧杯中，按每克产品加 1.2mL 蒸馏水的比例加入蒸馏水。加热，使产品全部溶解。趁热常压过滤。滤液冷至室温，再次减压过滤。用少量乙醇洗涤晶体 1~2 次。取出晶体，晾干，称重。产品标明实验操作者班级名称及姓名后，放入干燥器待用。

五、数据记录与处理
产品外观：

粗硫酸铜的质量 $m_1 =$ _____ g
精制硫酸铜的质量 $m_2 =$ _____ g
产率 = _____ %

思考题

1. 如果用烧杯代替水浴锅进行水浴加热时，怎样选用合适的烧杯？
2. 在下列减压过滤操作中，各会产生何种影响？
(1) 开自来水开关之前（或在启动循环水泵之前）先把沉淀转入布氏漏斗；
(2) 结束时先关上自来水开关。
3. 在除硫酸铜溶液中的 Fe^{3+} 时，pH 值为什么要控制在 4 左右？加热溶液的目的是什么？
4. 为了提高精制硫酸铜的产率，实验过程中应注意哪些问题？
5. 如何判断 Fe^{2+} 是否已全部转化成 $Fe(OH)_3$？

实验四　硫酸铜结晶水的测定

一、实验目的

1. 了解结晶水合物中结晶水含量的测定原理和方法。
2. 学习干燥器的使用和沙浴加热、恒重等基本操作。
3. 进一步熟悉分析天平的使用。

二、实验原理

结晶水受热到一定温度时可以脱去结晶水的一部分或全部。
$CuSO_4 \cdot 5H_2O$ 晶体在不同温度下的脱水过程：

$$CuSO_4 \cdot 5H_2O \xrightarrow{102℃} CuSO_4 \cdot 3H_2O + 2H_2O$$

$$CuSO_4 \cdot 3H_2O \xrightarrow{113℃} CuSO_4 \cdot H_2O + 2H_2O$$

$$CuSO_4 \cdot H_2O \xrightarrow{258℃} CuSO_4 + H_2O$$

对于经过加热能脱去结晶水，又不会发生分解的结晶水合物中结晶水的测定，通常是把一定量的不含吸附水的结晶水合物置于已灼烧至恒重的坩埚中，加热至不超过被测定物质的分解温度，保持适当时间，然后把坩埚移入干燥器中，冷却至室温，再取出用天平称量。由结晶水合物经高温加热后的失重值可算出该结晶水合物所含结晶水的质量分数，从而可确定结晶水合物的化学式。

三、仪器、试剂及材料

仪器：坩埚、泥三角、坩埚钳、干燥器、沙浴盘、温度计（300℃）、研钵、酒精灯或电炉、天平、烘箱等。

试剂及材料：$CuSO_4 \cdot 5H_2O$（s）、滤纸、沙子。

四、实验内容

① 将一洗净的坩埚置于110℃烘箱中烘干。将坩埚冷至略高于室温，再用干净的坩埚钳将其移入干燥器中，冷却至室温（注意：热坩埚放入干燥器后，一定要在短时间内将干燥器盖子打开1~2次，以免内部压力降低，难以打开）。

② 在已干燥恒重的坩埚中加入约1.0g研细的水合硫酸铜晶体，铺成均匀的一层，用天平准确称量。

③ 将已称量的、内装有水合硫酸铜晶体的坩埚置于沙浴盘中。将其3/4体积埋入沙内，再在靠近坩埚的沙中插入一支温度计（300℃量程），其末端应与坩埚底部大致处于同一水平。加热沙浴至约210℃，再慢慢升温至280℃左右，控制沙浴温度在240~280℃之间，当粉末由蓝色全部变为白色（或灰白色，但不能变黑）时停止加热。用干净的坩埚钳将坩埚移入干燥器中，冷至室温，再将坩埚外壁用滤纸擦干净后，在天平上称量坩埚和脱水硫酸铜的总质量。计算脱水硫酸铜的质量。重复沙浴加热，冷却、称量，直到"恒重"（本实验要求两次称量之差≤0.005g）。实验后将无水硫酸铜倒入回收瓶中。

五、数据记录与处理

恒重后的坩埚质量 $m_1 = $ _____ g

坩埚 + $CuSO_4 \cdot 5H_2O$ 的质量 $m_2 = $ _____ g

坩埚 + 无水硫酸铜的质量 $m_3 = $ _____ g

$CuSO_4 \cdot 5H_2O$ 的质量 $m_4 = $ _____ g

$CuSO_4 \cdot 5H_2O$ 的物质的量 $n_1 = $ _____ mol

无水硫酸铜的质量 $m_5 = $ _____ g

无水硫酸铜的物质的量 $n_2 = $ _____ mol

结晶水的质量 $m_6 = $ _____ g

结晶水的物质的量 $n_3 = $ _____ mol

每物质的量的 $CuSO_4$ 的结晶水 $n_3/n_2 = $ _____

水合硫酸铜的化学式：

思考题

1. 在水合硫酸铜结晶水的测定中，为什么用沙浴加热并控制温度在 280℃ 左右？
2. 加热后的坩埚能否未冷却至室温就去称量？加热后的热坩埚为什么要放在干燥器内冷却？
3. 为什么要进行重复的灼烧操作？什么叫恒重？其作用是什么？

实验五 滴定操作练习

一、实验目的

1. 学习和掌握酸碱滴定的原理。
2. 练习滴定操作,学会正确判断滴定终点。

二、实验原理

如果酸(A)与碱(B)的中和反应为:

$$a\text{A} + b\text{B} = c\text{C} + d\text{H}_2\text{O}$$

当反应达到化学计量点时,则 A 的物质的量 n_A 与 B 的物质的量 n_B 之比为:

$$\frac{n_A}{n_B} = \frac{a}{b} \quad \text{或} \quad n_A = \frac{a}{b} n_B$$

$$n_A = c_A V_A \qquad n_B = c_B V_B$$

$$c_A V_A = \frac{a}{b} c_B V_B$$

式中,c_A、c_B 分别为 A、B 的浓度,$mol \cdot L^{-1}$;V_A、V_B 分别为 A、B 的体积,L。

由此可见,酸碱溶液通过滴定,确定它们中和时所需的体积比,即可确定它们的浓度比。如果其中一溶液的浓度已确定,则另一溶液的浓度可求出。

滴定终点的确定可通过酸碱指示剂指示。指示剂本身是一种弱酸或弱碱,它在不同 pH 值范围内显示出不同颜色,滴定时根据不同体系选择合适的指示剂,可以减小滴定误差。实验常用的酸碱指示剂有酚酞、甲基红、甲基橙等。

酚酞的 pH 变色范围是 8.0(无色)~10.0(红色)。甲基橙的 pH 变色范围是 3.1(红色)~4.4(黄色)。在指示剂不变的情况下,一定浓度的 HCl 溶液和 NaOH 溶液相互滴定时,所消耗的体积之比 V_{HCl}/V_{NaOH} 应是一定的,改变被滴定溶液的体积,此体积比应基本不变。借此可以检验滴定操作技术和判断终点的能力。

由前面的计算公式,可以求出酸或碱的浓度。平行测定结果的相对平均偏差不应大于千分之二。

$$\text{绝对偏差} \ d_i = x_i - \overline{x}$$

$$\text{平均偏差} \ \overline{d} = \frac{|d_1| + |d_2| + |d_3|}{n}$$

$$\text{相对平均偏差} \ \overline{R_d} = \overline{d}/\overline{x}$$

三、仪器、试剂及材料

仪器:碱式滴定管、酸式滴定管。

试剂及材料:NaOH(s)、浓盐酸、酚酞溶液($2g \cdot L^{-1}$)、甲基橙溶液($1g \cdot L^{-1}$)。

四、实验内容

1. $0.1 mol \cdot L^{-1}$ HCl 和 $0.1 mol \cdot L^{-1}$ NaOH 溶液的配制

① 0.1mol·L^{-1} HCl 的配制　用洁净量筒量取浓盐酸 4～4.5mL 倒入 500mL 试剂瓶中，用蒸馏水稀释至 500mL，盖上玻璃塞，摇匀，贴上标签。

② 0.1mol·L^{-1} NaOH 的配制　在台秤上称取 2g 纯 NaOH 于烧杯中，加 50mL 蒸馏水，使之全部溶解，移入 500mL 的试剂瓶中，再加 450mL 蒸馏水，用橡皮塞塞好瓶口，摇匀，贴上标签。

2. 酸碱溶液的相互滴定

(1) 用 0.1mol·L^{-1} NaOH 溶液润洗已洗净的碱式滴定管，每次 5～10mL 左右，润洗液从滴定管两端分别流出弃去，共洗三次。然后再装满滴定管，赶出滴定管下端的气泡。调节滴定管内溶液的弯月面在"0.00"刻度线或零点稍下。静置 1min 后，准确读数至小数点后第二位，并记录。

(2) 用 0.1mol·L^{-1} HCl 溶液润洗已洗净的酸式滴定管，每次 5～10mL 左右，润洗液从滴定管两端分别流出弃去，共洗三次。然后再装满滴定管，赶出滴定管下端的气泡。调节滴定管内溶液的弯月面在"0.00"刻度线或零点稍下。静置 1min 后，准确读数至小数点后第二位，并记录。

(3) HCl 溶液滴定 NaOH 溶液

由碱式滴定管中放出 0.1mol·L^{-1} NaOH 溶液约 20～25mL（读至 0.01mL），注入 250mL 锥形瓶中，加入 1～2 滴 0.2% 甲基橙溶液，用 0.1mol·L^{-1} HCl 溶液滴定。边滴边摇，使溶液混匀。近终点时，要逐滴或半滴加入，并用洗瓶吹洗锥形瓶内壁，再继续滴定，直至溶液再加下半滴 HCl 溶液，溶液由黄色变为橙色。准确读取并记录所消耗的 HCl 溶液体积。如此反复练习滴定操作和观察滴定终点。平行测定 3～5 次，分别求出 HCl 溶液和 NaOH 溶液的体积比、平均值、绝对偏差、平均偏差和相对偏差。

(4) NaOH 溶液滴定 HCl 溶液

由酸式滴定管中放出 0.1mol·L^{-1} HCl 溶液约 20～25mL（读至 0.01mL），注入 250mL 锥形瓶中，加入 1～2 滴酚酞溶液，用 0.1mol·L^{-1} NaOH 溶液滴定。边滴边摇，使溶液混匀。近终点时，要逐滴或半滴加入，并用洗瓶吹洗锥形瓶内壁，再继续滴定，直至溶液再加下半滴 NaOH 溶液，溶液由无色突变为明显的淡粉红色，在 30s 内不褪色，此时即为终点。准确读取并记录所消耗的 NaOH 溶液体积。如此反复练习滴定操作和观察滴定终点。平行测定 3～5 次，分别求出 HCl 溶液和 NaOH 溶液的体积比、平均值、绝对偏差、平均偏差和相对偏差。

五、数据记录和处理

将溶液浓度的标定和溶液浓度的测定有关数据分别填入表 5-1 和表 5-2 中。

表 5-1　HCl 溶液滴定 NaOH 溶液（指示剂：甲基橙）

数据记录与计算	测定序号	1	2	3
NaOH 标准溶液的净用量/mL				
HCl 操作液	终读数/mL			
	初读数/mL			
	净用量/mL			
V_{HCl}/V_{NaOH}				
平均值 V_{HCl}/V_{NaOH}				

续表

数据记录与计算	测定序号	1	2	3
绝对偏差				
平均偏差				
相对平均偏差				

表 5-2　NaOH 溶液滴定 HCl 溶液（指示剂：酚酞）

数据记录与计算		测定序号	1	2	3
HCl 溶液净用量/mL					
NaOH 溶液的用量	终读数/mL				
	初读数/mL				
	净用量/mL				
$\overline{V}_{\text{NaOH}}$					
N 次间 V_{NaOH} 最大绝对差值/mL					

思考题

1. NaOH 溶液和 HCl 溶液能否直接配制准确浓度？为什么？

2. NaOH 溶液和 HCl 溶液反应完全后生成 NaCl 和水，为什么 NaOH 溶液滴定 HCl 溶液采用酚酞为指示剂，而 HCl 溶液滴定 NaOH 溶液时采用甲基橙为指示剂呢？

3. 滴定管和移液管均需用待装溶液润洗三次的原因何在？滴定用的锥形瓶也要用待装溶液润洗吗？

4. 为什么滴定管的初读数每次最好调至 0.00 或接近 0.00 刻度线？

5. 从滴定管中流出半滴溶液的操作要领是什么？

6. 以下情况对滴定结果有何影响？

(1) 滴定管中留有气泡；

(2) 滴定近终点时，没有用蒸馏水冲洗锥形瓶的内壁；

(3) 滴定完后，有液滴悬挂在滴定管的尖端处；

(4) 滴定过程中，有一些滴定液自滴定管的活塞处渗漏出来；

(5) 滴定中没有充分振荡锥形瓶。

7. 如何判断滴定将到终点，如何避免残留液滴未起反应？进行滴定分析前，对仪器要做哪些准备？

实验六　由海盐制备试剂级氯化钠

一、实验目的

1. 巩固常压过滤、减压过滤以及蒸发浓缩等基本操作。
2. 了解沉淀溶解平衡原理的应用。
3. 学习杂质的除去和定性检验方法。
4. 了解用目视比色和比浊进行限量分析的原理和方法。

二、实验原理

粗食盐中，除了含有不溶性杂质，还含有 K^+、Ca^{2+}、Mg^{2+}、Fe^{3+} 和 SO_4^{2-} 等可溶性杂质。不溶性杂质可用过滤法除去。可溶性杂质中 Ca^{2+}、Mg^{2+}、Fe^{3+} 和 SO_4^{2-} 可通过下列两种方法分别除去。

(1) $BaCl_2$，$NaOH\text{-}Na_2CO_3$ 溶液

$$Ba^{2+} + SO_4^{2-} = BaSO_4 \downarrow$$
$$Ca^{2+} + CO_3^{2-} = CaCO_3 \downarrow$$
$$Mg^{2+} + 2OH^- = Mg(OH)_2 \downarrow$$
$$4Mg^{2+} + 4CO_3^{2-} + H_2O = Mg(OH)_2 \cdot 3MgCO_3 \downarrow + CO_2 \uparrow$$
$$2Fe^{3+} + 3CO_3^{2-} + 3H_2O = 2Fe(OH)_3 \downarrow + 3CO_2 \uparrow$$
$$Fe^{3+} + 3OH^- = Fe(OH)_3 \downarrow$$
$$Ba^{2+} + CO_3^{2-} = BaCO_3 \downarrow$$

(2) 加入 $BaCO_3$ 固体和 $NaOH$ 溶液

$$BaCO_3 = Ba^{2+} + CO_3^{2-}$$
$$Ba^{2+} + SO_4^{2-} = BaSO_4 \downarrow$$
$$Ca^{2+} + CO_3^{2-} = CaCO_3 \downarrow$$
$$Mg^{2+} + 2OH^- = Mg(OH)_2 \downarrow$$
$$Fe^{3+} + 3OH^- = Fe(OH)_3 \downarrow$$

产生的沉淀用过滤的方法除去。过量的氢氧化钠和碳酸钠可用盐酸中和。在提纯后的饱和 NaCl 溶液中仍然含有一定量的 K^+，须进行重结晶提纯，才能得到纯净的、具有指定规格的试剂级氯化钠。

三、仪器、试剂及材料

仪器：天平（托盘天平或电子天平）、温度计、布氏漏斗、抽滤瓶、普通漏斗，2mL、5mL 吸量管，25mL 比色管各一支，100mL 烧杯一个。

试剂及材料：HCl（$6mol \cdot L^{-1}$）、NaOH（$6mol \cdot L^{-1}$）、$BaCl_2$（$1mol \cdot L^{-1}$，25%）、$(NH_4)_2C_2O_4$（饱和）、食盐(s)、$BaCO_3$(s)、镁试剂、NaOH（$2mol \cdot L^{-1}$）/Na_2CO_3（饱和）混合溶液（体积比＝1∶1）、乙醇（95%）、KSCN（25%）、pH 试纸。

四、实验内容

1. 粗盐溶解

称取 8.0g 粗食盐于 100mL 烧杯中，加入 30mL 水，加热搅拌使其溶解。

2. 除 Ca^{2+}、Mg^{2+}、Fe^{3+} 和 SO_4^{2-}

(1) $BaCl_2$、$NaOH$-Na_2CO_3 法

① 除 SO_4^{2-}　加热溶液至沸腾，边搅拌边滴加 $1mol·L^{-1}$ $BaCl_2$ 溶液（约 3～4mL），继续加热煮沸数分钟。检验沉淀是否完全（将烧杯从石棉网上取下，待沉淀沉降后，沿烧杯壁在上层清液中滴加 2～3 滴 $1mol·L^{-1}$ $BaCl_2$ 溶液，如果溶液无浑浊，表明 SO_4^{2-} 已沉淀完全）。常压过滤，保留滤液。

② 除 Ca^{2+}、Mg^{2+}、Fe^{3+} 和过量的 Ba^{2+}　将滤液加热至沸腾，边搅拌边滴加 $NaOH$-Na_2CO_3 混合液至溶液 pH≈11。取清液检验 Ba^{2+} 除尽后，继续加热煮沸数分钟，常压过滤。

③ 除过量的 CO_3^{2-}　将滤液加热，边搅拌边滴加入 $6mol·L^{-1}$ HCl 至溶液 pH＝2～3。

(2) $BaCO_3$-$NaOH$ 法

① 除 Ca^{2+}、SO_4^{2-}　在粗食盐水溶液中，加入约 1.0g $BaCO_3$〔比 SO_4^{2-} 和 Ca^{2+} 的含量约过量 10%（质量分数）〕。在 90℃左右搅拌溶液 20～30min。取清液，用饱和 $(NH_4)_2C_2O_4$ 检验 Ca^{2+}，如尚未除尽，需继续加热搅拌溶液，至除尽为止。减压过滤后取滤液。

② 除 Mg^{2+}、Fe^{3+}　用 $6mol·L^{-1}$ NaOH 调节上述滤液至 pH≈11 左右。取清液，分别加入 2～3 滴 $6mol·L^{-1}$ NaOH 和镁试剂，证实 Mg^{2+} 除尽后，再加热数分钟，常压过滤。

③ 溶液的中和　用 $6mol·L^{-1}$ HCl 调节滤液的 pH 至 5～6。

3. 蒸发、结晶

加热蒸发浓缩上述溶液，并不断搅拌至稠状（切不可将溶液蒸干）。趁热减压过滤后转入蒸发皿内用小火烘干。冷至室温后称量，并计算产率。

4. 产品纯度检验

(1) 定性检验 Ca^{2+}、Mg^{2+}

方法：取粗盐和产品各 1g 左右，分别溶于约 5mL 蒸馏水中。

① Mg^{2+} 的鉴定　各取上述溶液约 1mL，加 $6mol·L^{-1}$ NaOH 溶液 5 滴和镁试剂 2 滴，若有天蓝色沉淀生成，表示有 Mg^{2+} 存在。比较两溶液的颜色。

② Ca^{2+} 的鉴定　各取上述溶液约 1mL，加 $2mol·L^{-1}$ HAc 使呈酸性，再分别加入饱和 $(NH_4)_2C_2O_4$ 溶液 3～4 滴，若有白色 CaC_2O_4 沉淀产生，表示有 Ca^{2+} 存在。比较两溶液中沉淀产生的情况。

(2) Fe^{3+}、SO_4^{2-} 的限量分析

① Fe^{3+} 的限量分析　试样溶液的配制：称取 3.00g NaCl 产品，放入 25mL 比色管中，加入 10mL 蒸馏水使其溶解，再加入 2.00mL 25% KSCN 溶液和 2mL $3mol·L^{-1}$ HCl 溶液，用蒸馏水稀释至刻度，摇匀。将试样溶液与标准溶液进行目视比色，以确定所制产品的纯度等级。

② SO_4^{2-} 的限量分析　试样溶液的配制：称取 1.00g 产品 NaCl，放入 25mL 比色管中，加入 10mL 蒸馏水使其溶解。再加入 3.00mL 25% $BaCl_2$ 溶液、1.0mL $3mol·L^{-1}$ HCl 溶液

及 5mL 95％的乙醇，用蒸馏水稀释至刻度，摇匀。将试样溶液与标准溶液进行比浊，以确定所制产品纯度等级。

（3）标准系列溶液的配制（由实验室准备）

① Fe^{3+} 标准系列溶液的配制 用移液管移取 0.30mL、0.90mL 及 1.50mL 0.01g·L^{-1} $(NH_4)Fe(SO_4)_2$ 的标准溶液，分别加入三支 25mL 的比色管中，再各加入 2.00mL 25％ KSCN 溶液和 2mL 3mol·L^{-1} HCl 溶液，用蒸馏水稀释至刻度，摇匀。

装有 0.30mL Fe^{3+} 标准溶液的比色管，内含 0.003mg Fe^{3+}，其溶液相当于一级试剂；
装有 0.90mL Fe^{3+} 标准溶液的比色管，内含 0.009mg Fe^{3+}，其溶液相当于二级试剂；
装有 1.50mL Fe^{3+} 标准溶液的比色管，内含 0.015mg Fe^{3+}，其溶液相当于三级试剂。

② SO_4^{2-} 标准系列溶液的配制 用移液管吸取 1.00mL、2.00mL 及 5.00mL 浓度为 0.01g·L^{-1} 的 Na_2SO_4 标准溶液，分别加入三支 25mL 的比色管中，再各加入 3.00mL 25％ $BaCl_2$ 溶液、1mL 3mol·L^{-1} HCl 溶液及 5mL 95％乙醇，用蒸馏水稀释至刻度、摇匀。

装有 1.00mL SO_4^{2-} 标准溶液的比色管，内含 0.01mg SO_4^{2-}，其溶液相当于一级试剂；
装有 2.00mL SO_4^{2-} 标准溶液的比色管，内含 0.02mg SO_4^{2-}，其溶液相当于二级试剂；
装有 5.00mL SO_4^{2-} 标准溶液的比色管，内含 0.05mg SO_4^{2-}，其溶液相当于三级试剂。

附表

有关物质在水中的溶解度

物质	水中的溶解度/(g/100g)		物质	水中的溶解度/(g/100g)	
	20℃	100℃		20℃	100℃
NaCl	35.7	39.12	$Fe(OH)_3$	—	—
KCl	34.4	56.7	$MgCO_3$	0.176	0.357
$BaSO_4$	0.000246	0.000413	$BaSO_4$	—	—
$Mg(OH)_2$	0.0009	0.0004	$BaCO_3$	0.0022	0.0065

思考题

1. 叙述由粗食盐制取试剂级氯化钠的原理。其中的 Ca^{2+}、Mg^{2+}、SO_4^{2-}、K^+ 和 Fe^{3+} 是如何除去的？
2. 本实验能否先加入 Na_2CO_3 溶液以除 Ca^{2+}、Mg^{2+}，然后再加入 $BaCl_2$ 溶液以除 SO_4^{2-} 离子？为什么？
3. 分析本实验收率过高或过低的原因。
4. 分析本实验纯度偏低的原因。
5. 蒸发前为什么要用盐酸将溶液调至 pH=2～3？
6. 蒸发时为什么不能将溶液蒸干？
7. 为什么前两次采用常压过滤，蒸发浓缩后用减压过滤？
8. 蒸发浓缩后为什么要趁热过滤，冷却至室温后再过滤有什么影响？

实验七 水溶液中的解离平衡

一、实验目的

1. 掌握缓冲溶液的配制方法并了解其性质。
2. 了解同离子效应和盐类水解以及抑制水解的方法。
3. 试验沉淀的生成、溶解及转化的条件。

二、仪器、试剂及材料

仪器：离心机。

试剂及材料：HAc（0.1mol·L^{-1}，1mol·L^{-1}）、HCl（1mol·L^{-1}，6mol·L^{-1}）、HNO$_3$（6mol·L^{-1}）、H$_2$C$_2$O$_4$（0.1mol·L^{-1}），NaOH（1mol·L^{-1}）、NH$_3$·H$_2$O（6mol·L^{-1}，0.1mol·L^{-1}）、MgCl$_2$（0.1mol·L^{-1}）、NaAc（1mol·L^{-1}）、Na$_2$CO$_3$（0.1mol·L^{-1}）、NaCl（0.1mol·L^{-1}）、Al$_2$(SO$_4$)$_3$（0.1mol·L^{-1}）、Na$_3$PO$_4$（0.1mol·L^{-1}）、Na$_2$HPO$_4$（0.1mol·L^{-1}）、NaH$_2$PO$_4$（0.1mol·L^{-1}）、Pb(NO$_3$)$_2$（0.1mol·L^{-1}，0.001mol·L^{-1}）、KI（0.1mol·L^{-1}，0.001mol·L^{-1}）、K$_2$CrO$_4$（0.05mol·L^{-1}）、AgNO$_3$（0.1mol·L^{-1}）、Na$_2$S（0.1mol·L^{-1}）、NH$_4$Ac饱和溶液、(NH$_4$)$_2$C$_2$O$_4$饱和溶液、CaCl$_2$（0.1mol·L^{-1}）、CuSO$_4$（0.1mol·L^{-1}）、SbCl$_3$（s）、NaAc（s）、甲基橙溶液（1g·L^{-1}）、酚酞溶液（2g·L^{-1}）、pH试纸（广泛、精密）。

三、实验内容

1. 同离子效应

① 取两支小试管，各加入1mL 0.1mol·L^{-1} HAc溶液及1滴甲基橙，混合均匀，观察溶液颜色。在一试管中加入少量NaAc固体，观察溶液颜色的变化。试说明原因。

② 取两支小试管各加入2mL 0.1mol·L^{-1} NH$_3$·H$_2$O溶液，再滴入1滴酚酞溶液，观察溶液颜色，将此溶液平均分成两份，其中一支试管中加入少量NH$_4$Ac饱和溶液，另一支试管中加入等体积的蒸馏水，观察两种溶液的颜色。试说明原因。

2. 缓冲溶液的配制和性质

① 用1mol·L^{-1} HAc和1mol·L^{-1} NaAc溶液配制pH=4.0的缓冲溶液10mL，应该如何配制？配好后，用pH试纸测定其pH值，检验其是否符合要求。

② 在两支试管中分别加入5mL上述缓冲溶液，在一份中加入1滴1mol·L^{-1} HCl，在另一份中加入1滴1mol·L^{-1} NaOH，分别用pH试纸测定其pH值。

③ 取两支试管，各加入5mL蒸馏水，用pH试纸测定其pH值。然后分别加入1滴1mol·L^{-1} HCl和1滴1mol·L^{-1} NaOH，再用pH试纸测定其pH值。与上面实验结果比较，说明缓冲溶液的缓冲作用。

3. 盐的水解

① 用pH试纸分别测定0.1mol·L^{-1} Na$_2$CO$_3$、NaCl、Al$_2$(SO$_4$)$_3$溶液的pH值。解释原因，并写出有关反应方程式。

② 用pH试纸分别测定0.1mol·L^{-1} Na$_3$PO$_4$、Na$_2$HPO$_4$、NaH$_2$PO$_4$溶液的pH值。

解释原因，并写出有关反应方程式。

③ 在试管中加入芝麻大小的 $SbCl_3$ 固体，加少量蒸馏水，摇匀，有何现象产生？用 pH 试纸测定溶液的 pH 值。滴加入 $6mol·L^{-1}$ HCl，沉淀是否溶解？最后将所得溶液稀释，又有什么变化？解释上述现象，写出有关反应方程式。

4. 溶度积原理的应用

(1) 沉淀的生成

在一支试管中加入 1mL $0.1mol·L^{-1}$ $Pb(NO_3)_2$ 溶液和 1mL $0.1mol·L^{-1}$ KI 溶液，振荡试管，观察有无沉淀生成？

在另一支试管中加入 1mL $0.001mol·L^{-1}$ $Pb(NO_3)_2$ 溶液和 1mL $0.001mol·L^{-1}$ KI 溶液，振荡试管，观察有无沉淀生成？试以溶度积原理解释以上的现象。

(2) 沉淀的溶解

利用实验室提供的试剂，自行设计制备 CaC_2O_4，AgCl 和 CuS 沉淀。然后按下述要求设计实验方法将它们分别溶解：

① 用生成弱电解质的方法溶解 CaC_2O_4 沉淀；

② 用生成配离子的方法溶解 AgCl 沉淀；

③ 用氧化还原反应的方法溶解 CuS 沉淀。

(3) 分步沉淀

在试管中加入 0.5mL $0.1mol·L^{-1}$ NaCl 溶液和 0.5mL $0.05mol·L^{-1}$ K_2CrO_4 溶液，然后逐滴加入 $0.1mol·L^{-1}$ $AgNO_3$ 溶液，边加边振荡，观察形成的沉淀的颜色变化，试以溶度积原理解释原因。

(4) 沉淀的转化

取 5 滴 $0.1mol·L^{-1}$ $AgNO_3$ 溶液，加入 6 滴 $0.1mol·L^{-1}$ NaCl 溶液，观察沉淀的颜色。离心分离，弃去上层清液，沉淀中滴加 $0.1mol·L^{-1}$ Na_2S 溶液，观察沉淀颜色变化。试解释原因，并写出有关反应方程式。

思考题

1. $NaHCO_3$ 溶液是否具有缓冲作用？为什么？
2. 试解释为什么 $NaHCO_3$ 水溶液呈碱性，而 $NaHSO_4$ 水溶液呈酸性？
3. 如何配制 Sn^{2+}、Bi^{3+}、Fe^{3+} 等盐的水溶液？
4. 利用平衡移动原理，判断下列难溶电解质是否可用 HNO_3 来溶解？

   $MgCO_3$、Ag_3PO_4、AgCl、CaC_2O_4、$BaSO_4$
5. 离心分离是用于何种场合的固体与液体的分离？操作中有哪些应注意的地方。
6. 使用 pH 试纸测定溶液的 pH 值时，如何操作才是正确的？

实验八　配合物的生成和性质

一、实验目的

1. 了解配位离解平衡与其他平衡之间的关系。
2. 比较并解释配离子的稳定性。
3. 了解配合物的一些性质和应用。

二、仪器、试剂及材料

仪器：试管、酒精灯、50mL 烧杯、布氏漏斗、抽滤瓶、水泵。

试剂及材料：H_2SO_4（2mol·L^{-1}）、HCl（1mol·L^{-1}）、$NH_3·H_2O$（2mol·L^{-1}，6mol·L^{-1}）、NaOH（2mol·L^{-1}）、NaCl（0.1mol·L^{-1}）、Na_2S（0.1mol·L^{-1}，0.5mol·L^{-1}）、$Na_2S_2O_3$（0.1mol·L^{-1}）、EDTA 二钠盐（0.1mol·L^{-1}）、KI（0.1mol·L^{-1}，2mol·L^{-1}）、KBr（0.1mol·L^{-1}）、$K_4[Fe(CN)_6]$（0.1mol·L^{-1}）、$K_3[Fe(CN)_6]$（0.1mol·L^{-1}）、NH_4SCN（0.1mol·L^{-1}，饱和）、$(NH_4)_2C_2O_4$（饱和）、NH_4F（2mol·L^{-1}）、$AgNO_3$（0.1mol·L^{-1}）、$CuSO_4$（0.1mol·L^{-1}）、$FeCl_3$（0.1mol·L^{-1}，0.5mol·L^{-1}）、Ni^{2+} 试液、Fe^{3+} 和 Co^{2+} 混合试液、碘水、锌粉、丁二酮肟（1%）、乙醇（95%）、戊醇、pH 试纸、滤纸。

三、实验内容

1. 配离子的生成和性质

① 在盛有 2 滴 0.1mol·L^{-1} $FeCl_3$ 溶液和 $K_3[Fe(CN)_6]$ 溶液的两支试管中，分别滴入 2 滴 0.1mol·L^{-1} NH_4SCN 溶液，观察溶液颜色有何不同，解释上述现象。

② 往 2 滴 0.1mol·L^{-1} $FeCl_3$ 溶液中加入 2 滴 0.1mol·L^{-1} $K_4[Fe(CN)_6]$ 溶液，观察现象，写出反应方程式。这也是鉴定 Fe^{3+} 的一种常用方法。

2. 配离子稳定性的比较

① 往盛有 2 滴 0.1mol·L^{-1} $FeCl_3$ 溶液中，加 0.1mol·L^{-1} NH_4SCN 溶液数滴，然后再逐滴加入饱和 $(NH_4)_2C_2O_4$ 溶液，观察溶液颜色有何变化。写出有关反应方程式，并比较 Fe^{3+} 的两种配离子的稳定性大小。

② 在盛有 5 滴 0.1mol·L^{-1} $AgNO_3$ 溶液的试管中，加入 10 滴 0.1mol·L^{-1} NaCl 溶液，微热，离心分离除去上层清液，然后用水洗涤后在该试管中按下列的次序进行试验：

a. 滴加 6mol·L^{-1} 氨水（不断摇动试管）至沉淀刚好溶解；

b. 加 10 滴 0.1mol·L^{-1} KBr 溶液，观察有何现象；

c. 除去上层清液后滴加 0.1mol·L^{-1} $Na_2S_2O_3$ 溶液至沉淀溶解；

d. 滴加 0.1mol·L^{-1} KI 溶液，又有何现象？

写出以上各反应的方程式，并根据实验现象比较：

Ⅰ. $[Ag(NH_3)_2]^+$、$[Ag(S_2O_3)_2]^{3-}$ 的稳定性大小；

Ⅱ. AgCl、AgBr、AgI 的 $K_{sp}^{\ominus}$ 的大小。

③ 在盛有 2 滴 0.5mol·L^{-1} $FeCl_3$ 溶液的试管中，滴加 2mol·L^{-1} KI 溶液，然后加入

5~6 滴 CCl_4 振荡，观察 CCl_4 层的颜色。在另一试管中加入 0.5mL 碘水，逐滴加入 $0.1mol·L^{-1}$ $K_4[Fe(CN)_6]$ 溶液，振荡，有何现象，写出相应反应式。

通过上述实验结果试比较 $E^{\ominus}_{Fe^{3+}/Fe^{2+}}$ 与 $E^{\ominus}_{[Fe(CN)_6]^{3-}/[Fe(CN)_6]^{4-}}$ 的大小，并根据两者电极电势的大小，比较 $[Fe(CN)_6]^{3-}$ 和 $[Fe(CN)_6]^{4-}$ 稳定性的大小。

3. 配位离解平衡的移动

在盛有 5mL $0.1mol·L^{-1}$ $CuSO_4$ 溶液的小烧杯中逐滴加入 $6mol·L^{-1}$ 氨水，直至最初生成的碱式盐 $Cu_2(OH)_2SO_4$ 沉淀又溶解为止。然后加入 6mL 乙醇（95％）。观察晶体的析出。将晶体过滤，用少量乙醇洗涤晶体，观察晶体的颜色。写出反应式。

取上面制备的 $[Cu(NH_3)_4]SO_4$ 晶体少许溶于 4mL $2mol·L^{-1}$ $NH_3·H_2O$ 中，得到含 $Cu(NH_3)_4^{2+}$ 的溶液。按下述方法破坏该配离子，写出有关反应式，并加以解释。

(1) 利用酸碱反应破坏 $Cu(NH_3)_4^{2+}$

在两个盛有约 0.5mL 上述溶液的试管中，分别滴加 $2mol·L^{-1}$ H_2SO_4 和 $1mol·L^{-1}$ NaOH，观察溶液的变化并解释。

(2) 利用沉淀反应破坏 $Cu(NH_3)_4^{2+}$

在约 0.5mL 上述溶液中，滴加 $0.5mol·L^{-1}$ Na_2S，观察溶液的变化并解释。

(3) 利用氧化还原反应破坏 $Cu(NH_3)_4^{2+}$

在约 0.5mL 上述溶液中，加入少量 Zn 粉，观察溶液的变化并解释。

提示：

$$Cu(NH_3)_4^{2+} + 2e \Longrightarrow Cu + 4NH_3 \quad E^{\ominus} = -0.02V$$

$$Zn(NH_3)_4^{2+} + 2e \Longrightarrow Zn + 4NH_3 \quad E^{\ominus} = -1.02V$$

(4) 利用生成更稳定配合物（如螯合物）的方法破坏 $Cu(NH_3)_4^{2+}$

在约 0.5mL 上述溶液中，滴加 $0.1mol·L^{-1}$ EDTA 二钠盐，观察溶液的变化并解释。

4. 配合物的某些应用

(1) 利用生成有色配合物定性鉴定某些离子

Ni^{2+} 与二乙酰二肟（丁二酮肟）作用生成鲜红色螯合物沉淀；

$$Ni^{2+} + 2 \begin{matrix} CH_3-C=NOH \\ CH_3-C=NOH \end{matrix} \longrightarrow [\text{螯合物结构}] (s) + 2H^+$$

从反应可以看出，H^+ 不利于 Ni^{2+} 的检出。H^+ 浓度太大时，Ni^{2+} 沉淀不完全或不生成沉淀。但 OH^- 浓度也不宜太大，否则会生成 $Ni(OH)_2$ 沉淀。合适的酸度是 pH＝5～10。

实验：在白色滴板上加入 1 滴 Ni^{2+} 试液，1 滴 $6mol·L^{-1}$ 氨水和 1 滴 1％丁二酮肟溶液，有鲜红色沉淀生成表示有 Ni^{2+} 存在。

(2) 利用生成配合物掩蔽干扰离子

在定性鉴定中如果遇到干扰离子，常常利用形成配合物的方法把干扰离子掩蔽起来。如 Co^{2+} 的鉴定，可利用它与 SCN^- 在有机溶剂中反应生成蓝绿色的 $[Co(SCN)_4]^{2-}$ 来鉴定。若 Co^{2+} 溶液中含有 Fe^{3+}，因 Fe^{3+} 遇 SCN^- 生成红色的 $[FeNCS]^{2+}$ 配离子而产生干扰。所

以预先加入 NH_4F，使 Fe^{3+} 形成无色的 FeF_6^{3-}，可把干扰 Fe^{3+} 掩蔽起来。相关的反应：

$$Fe^{3+} + 6F^- = FeF_6^{3-} \text{（无色）}$$

$$Co^{2+} + 4SCN^- = [Co(SCN)_4]^{2-} \text{（蓝色，在有机溶剂中稳定，在水中不稳定）}$$

实验：取 Fe^{3+} 和 Co^{2+} 混合试液 2 滴于一试管中，加 8～10 滴饱和 NH_4SCN 溶液，有何现象？逐滴加入 $2mol·L^{-1}$ NH_4F 溶液，并摇动试管，有何现象？最后加戊醇 6 滴，振荡试管，静置，观察戊醇层的颜色。

（3）硬水软化

取两只 100mL 烧杯各盛 50mL 自来水（用井水效果更明显），在其中一只烧杯中加入 3～5 滴 $0.1mol·L^{-1}$ EDTA 二钠盐溶液。然后将两只烧杯中的水加热煮沸 10min。可以看到，未加 EDTA 二钠盐溶液的烧杯中有白色 $CaCO_3$ 等悬浮物生成，而加 EDTA 二钠盐溶液的烧杯中则没有。如何解释上述现象？

思考题

1. 衣服上沾有铁锈时，常用草酸去洗，试说明原理。
2. 可用哪些不同类型的反应，使 $[FeNCS]^{2+}$ 的红色褪去？
3. 总结归纳影响配位平衡的因素有哪些。
4. 在定性鉴定 Co^{2+} 时，有机层是上层还是下层，水层中粉红色的物质是什么？

实验九 氧化还原反应和电化学

一、实验目的
1. 认识原电池的组成。
2. 掌握物质的浓度、介质的酸度对电极电势的影响。
3. 了解电化学腐蚀及防止的基本原理与方法。

二、实验原理
氧化还原反应总是由较强的氧化剂与较强的还原剂自发反应,向着生成较弱的还原剂和较弱的氧化剂的方向进行。

能斯特方程:
$$\varphi = \varphi^{\ominus} + \frac{0.0592}{n} \lg \frac{c_{氧化态}/c^{\ominus}}{c_{还原态}/c^{\ominus}}$$

因为
$$E = \varphi_{正} - \varphi_{负}$$

所以
$$E = E^{\ominus} - \frac{0.0592}{n} \lg \frac{[c_{负,氧化态}/c^{\ominus}][c_{负,还原态}/c^{\ominus}]}{[c_{正,氧化态}/c^{\ominus}][c_{正,还原态}/c^{\ominus}]}$$

利用氧化还原反应产生电流的装置叫做原电池。在原电池的放电过程中,组成原电池的电极上分别发生氧化反应和还原反应。根据两个电极间电极电势的相对大小可以判断氧化反应进行的方向,可以比较氧化剂和还原剂的相对强弱。

不同电极可组成一原电池,且离子的浓度、介质的酸碱度均对电极电势产生影响。用伏特计测量电池的 E 时,因仪表线路及电池内阻均消耗电能,所以 $E_{测} < E_{理}$。

金属在电解质溶液中发生与原电池相似的电化学过程而引起电化学腐蚀。腐蚀电池中较活泼的金属为阳极被氧化而腐蚀。若加入缓蚀剂可防止和延缓腐蚀过程。

三、仪器、试剂及材料
仪器:烧杯、试管、试管架、表面皿、量筒、伏特表。

试剂:$CuSO_4$(0.1mol·L^{-1})、$(NH_4)_2Fe(SO_4)_2$(0.1mol·L^{-1})、$FeCl_3$(0.1mol·L^{-1})、KI(0.1mol·L^{-1})、KBr(0.1mol·L^{-1})、KIO_3(0.1mol·L^{-1})、$FeSO_4$(0.1mol·L^{-1})、$Fe_2(SO_4)_3$(0.1mol·L^{-1})、Na_2SO_3(0.1mol·L^{-1})、HCl(0.1mol·L^{-1})、H_2SO_4(1mol·L^{-1})、NaOH(6mol·L^{-1})、$NH_3·H_2O$(6mol·L^{-1})、Na_2S(0.1mol·L^{-1})、$KMnO_4$(0.01mol·L^{-1})、NaCl(0.1mol·L^{-1})、$K_3[Fe(CN)_6]$(0.1mol·L^{-1})、乌洛托品(20%)、KSCN(0.1mol·L^{-1})、NH_4F 固体、CCl_4、溴水、碘水、淀粉溶液、酚酞溶液(2g·L^{-1})。

材料:滤纸、砂纸、铁钉(大、小)、铁片、铜片、铜丝(粗、细)、锌片、锌丝、锌粒、石墨棒、盐桥、一头带鳄鱼夹的导线。

四、实验内容
1. 原电池的组成和电动势的粗略测定及介质对电极电势的影响

取出 2 只 50mL 烧杯,作好标记。按照表 9-1 分别加入适量 0.1mol·L^{-1} $CuSO_4$ 和 $(NH_4)_2Fe(SO_4)_2$ 溶液,并与相应电极材料按图装配成原电池。判断正负极,接上万用电表或伏特计,测量电位差,并记录其读数。

表 9-1　一些电极的组成

电极编号	I	II	III	IV	
电解质溶液	$ZnSO_4$	$CuSO_4$	$(NH_4)_2Fe(SO_4)_2$	$FeCl_3$	$(NH_4)_2Fe(SO_4)_2$
浓度/$mol·L^{-1}$	0.1	0.1	0.1	0.1	0.1
电极材料	Zn	Cu	Fe		C

另取 4 只 50mL 烧杯,作好标记,按表 9-1 所示,组成电极,并参照图 9-1 的形式,装配成两种不同的原电池。逐一观察万用电表或伏特计指针偏转方向,判断正负极,并记录相应的读数。

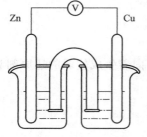

图 9-1　原电池的组装

选择适当试剂(如 NH_3、OH^-、S^{2-} 或 F^- 等)加入某一电极的溶液中,使生成难溶电解质或难解离物质(如配离子)。观察加入该试剂前后,万用电表或伏特计指针偏转的变化(包括指针偏转方向的改变),并简单解释之。

2. 氧化还原反应和电极电势

① 在一支试管中加入 1mL 0.1$mol·L^{-1}$ KI 溶液和 5 滴 0.1$mol·L^{-1}$ $FeCl_3$ 溶液,振荡后观察现象。再加入 0.5mL CCl_4 充分振荡,CCl_4 层颜色有何变化?试解释原因。

② 用 0.1$mol·L^{-1}$ KBr 溶液代替 0.1$mol·L^{-1}$ KI 溶液进行相同的实验,观察反应现象,并解释原因。

③ 在两支试管中各加入 1mL 0.1$mol·L^{-1}$ $FeSO_4$ 溶液,在一支试管中滴加 0.1$mol·L^{-1}$ KSCN 溶液,在另一支试管中加数滴溴水,振荡后再滴加 0.1$mol·L^{-1}$ KSCN 溶液,两只试管对照观察实验现象,并写出反应方程式。如果用碘水代替溴水会怎样呢?

根据以上实验,比较 Br_2/Br^-、I_2/I^- 和 Fe^{3+}/Fe^{2+} 三电对的电极电势的高低。何者为最强氧化剂?何者为最强还原剂?

3. 酸度、浓度对氧化还原反应的影响

(1) 酸度的影响

① 在 3 支均盛有 0.5mL 0.1$mol·L^{-1}$ Na_2SO_3 溶液的试管中,分别加入 0.5mL 1$mol·L^{-1}$ H_2SO_4 溶液及 0.5mL 蒸馏水和 0.5mL 6$mol·L^{-1}$ NaOH 溶液,混合均匀后,再各滴入 2 滴 0.01$mol·L^{-1}$ $KMnO_4$ 溶液,观察颜色的变化有何不同,写出反应式。

② 在试管中加入 0.5mL 0.1$mol·L^{-1}$ KI 溶液和 2 滴 0.1$mol·L^{-1}$ KIO_3 溶液,再加几滴淀粉溶液,混合后观察溶液颜色有无变化。然后加 2~3 滴 1$mol·L^{-1}$ H_2SO_4 溶液酸化混合液,观察有什么变化,最后滴加 2~3 滴 6$mol·L^{-1}$ NaOH 使混合液显碱性,又有什么变化。写出有关反应式。

说明介质酸碱性对氧化还原反应的影响。

(2) 浓度的影响

① 往盛有 H_2O、CCl_4 和 0.1$mol·L^{-1}$ $Fe_2(SO_4)_3$ 各 0.5mL 的试管中加入 0.5mL 0.1$mol·L^{-1}$ KI 溶液,振荡后观察 CCl_4 层的颜色。

② 往盛有 CCl_4、1$mol·L^{-1}$ $FeSO_4$ 和 0.1$mol·L^{-1}$ $Fe_2(SO_4)_3$ 各 0.5mL 的试管中,加入 0.5mL 0.1$mol·L^{-1}$ KI 溶液,振荡后观察 CCl_4 层的颜色。与上一实验中 CCl_4 层颜色有

何区别？

③ 往盛有 H_2O、CCl_4 和 $0.1mol·L^{-1}$ $Fe_2(SO_4)_3$ 各 0.5mL 的试管中加入少许 NH_4F 固体，再加入 0.5mL $0.1mol·L^{-1}$ KI 溶液，振荡，与②对比观察 CCl_4 层颜色的变化。

说明浓度对氧化还原反应的影响。

4. 电化学腐蚀及防止

(1) 原电池腐蚀

① 腐蚀液的配制　往试管中加入 1mL $0.1mol·L^{-1}$ NaCl 溶液和 1 滴 $0.1mol·L^{-1}$ $K_3[Fe(CN)_6]$ 及 1 滴质量分数为 1% 的酚酞溶液。保留此溶液，供本实验内容(2)、(3)中使用。

往表面皿上放一片滤纸，滴加 2 滴自己配制的腐蚀液，然后取两枚小铁钉，在一枚铁钉的一端紧绕一根铜丝；在另一枚铁钉的一端裹一根薄的锌条。将它们离开一定距离，放置于滤纸片上，并浸没于上述溶液中，经过一定时间后，分别观察铁钉、铜丝以及锌条附近出现的不同颜色。并简单解释之。

② 往盛有 $0.1mol·L^{-1}$ HCl 溶液的试管中，加入 1 粒纯锌粒，观察有何现象。插入根粗铜丝，并与锌粒相接触。观察前后现象有何不同。简单解释之。

(2) 差异充气腐蚀

在已用砂纸擦亮的铁片上，滴上 1~2 滴自己配制的腐蚀液。观察现象。静置约 20~30min 后，再仔细观察液滴的不同部位所产生的颜色。简单解释之。

(3) 金属防腐

① 金属腐蚀与防腐　往两支试管中，各放入一枚无锈的铁钉，并往其中的 1 支试管中再加入数滴质量分数为 20% 的乌洛托品。然后各加入约 2mL $0.1mol·L^{-1}$ HCl 和几滴 $0.1mol·L^{-1}$ $K_3[Fe(CN)_6]$ 溶液（后两种溶液的加入量应相同）。观察、比较两支试管中现象有何不同。为什么？

② 阴极保护法　将一滤纸片放置于表面皿上，并用自己配制的腐蚀液润湿之。将两枚铁钉隔开一段距离，放置于已润湿的滤纸片上，并分别与铜锌原电池的正、负极相连。静置一段时间后，观察有何现象，并简单解释之。

思考题

1. 从实验结果讨论氧化还原反应和哪些因素有关。
2. 自行设计一个实验说明介质对氧化还原反应的影响。

实验十 醋酸解离度和解离常数的测定

一、实验目的
1. 进一步熟悉滴定管和移液管的使用。
2. 掌握用 pH 法测定 HAc 的 α 和 K_a 的原理和方法。
3. 加深对弱电解质解离平衡的理解。
4. 学习 pH 计的使用方法。

二、实验原理
醋酸 CH_3COOH 即 HAc，在水中是弱电解质，存在着下列解离平衡：
$$HAc(aq) + H_2O \rightleftharpoons H_3O^+(aq) + Ac^-(aq)$$
或简写为：
$$HAc(aq) \rightleftharpoons H^+(aq) + Ac^-(aq)$$

$c_{始}$	c	0	0
$c_{平}$	$c(1-\alpha)$	$c\alpha$	$c\alpha$

其解离常数为：
$$K_{HAc}^\ominus = \frac{(c_{H^+}/c^\ominus)(c_{Ac^-}/c^\ominus)}{(c_{HAc}/c^\ominus)}$$

其中，$c_{H^+} = c_{Ac^-}$，$c_{HAc} = c - c_{H^+}$
$$pH = -\lg c_{H^+} \qquad \alpha = c_{H^+}/c$$

故测出溶液的 pH 值便可求得 c_{H^+}、电离度 α、平衡常数 $K_{HAc}^\ominus$。

三、仪器、试剂及材料
仪器：pH 计、滴定管、移液管（25mL）、吸量管 5mL、250mL 锥形瓶 3 个、50mL 容量瓶 3 个。

试剂：$0.1 mol \cdot L^{-1}$ HAc、NaOH 标准溶液（浓度约为 $0.1 mol \cdot L^{-1}$）、酚酞溶液（$2g \cdot L^{-1}$）。

四、实验内容
1. HAc 浓度的标定

用移液管量取 3 份 25.00mL $0.1 mol \cdot L^{-1}$ HAc 溶液，分别注入三只 250mL 锥形瓶中，各加 2 滴酚酞溶液。

分别用 NaOH 标准溶液滴定至溶液显浅红色，半分钟内不褪色即为终点，计算滴定所用的 NaOH 标准溶液的体积，从而求得 HAc 溶液的准确浓度。求出三次测定 HAc 溶液浓度的平均值。

2. 配制不同浓度的醋酸溶液

用移液管和吸量管分别取 2.50mL、5.00mL、25.00mL 已测得准确浓度的醋酸溶液，把它们分别加入三个 50mL 容量瓶中，再用蒸馏水稀释至刻度线，摇匀，并分别计算这三个容量瓶中醋酸溶液的准确浓度。

3. pH 值的测定

将四种不同浓度的醋酸溶液分别加入 4 只洁净干燥的 50mL 烧杯中，按由稀到浓的顺序，用 pH 计测定它们的 pH 值。记录数据和实验时的室温，算出不同起始醋酸浓度溶液的解离度 α 及解离常数 $K_{HAc}^{\ominus}$ 值。将结果填入下表。

五、数据记录及处理

室温：$T=$ _____ K

烧杯编号	1	2	3	4
原醋酸溶液体积/mL	2.50	5.00	25.00	50.00
定容体积/mL	50.00	50.00	50.00	50.00
配制醋酸溶液浓度/mol·L^{-1}				
pH				
c_{H^+}/mol·L^{-1}				
电离度 α				
K_a				
K_a 平均值				

思考题

1. 配制的不同浓度的 HAc 溶液在测定 pH 值时使用的烧杯为何必须干燥？
2. 测定各 HAc 溶液的 pH 值时，为何要按由稀到浓的顺序？
3. 下列仪器哪些需要润洗：酸式滴定管、移液管、烧杯。
4. 分析产生误差的主要因素有哪些。

实验十一 化学反应速率与活化能的测定

一、实验目的

1. 了解浓度、温度和催化剂对反应速率的影响。
2. 测定过二硫酸铵与碘化钾反应速率,并计算反应级数、反应速率常数和反应的活化能。
3. 学习实验数据的表达与处理方法。

二、实验原理

在水溶液中过二硫酸铵和碘化钾发生如下反应:

$$(NH_4)_2S_2O_8 + 3KI = (NH_4)_2SO_4 + K_2SO_4 + KI_3$$

即

$$S_2O_8^{2-} + 3I^- = 2SO_4^{2-} + I_3^- \tag{1}$$

其反应速率方程可表示为:

$$v = k c_{S_2O_8^{2-}}^m c_{I^-}^n$$

式中,v 是在此条件下反应的瞬时速率;若 $c_{S_2O_8^{2-}}$、c_{I^-} 是起始浓度,则 v 表示初速率 (v_0);k 是反应速率常数;m 与 n 之和是反应级数。

实验能测定的速率是在一段时间间隔(Δt)内反应的平均速率 $\bar{v}$。如果在 Δt 时间内 $S_2O_8^{2-}$ 浓度的改变为 $\Delta c_{S_2O_8^{2-}}$,c_{I^-} 保持不变,则平均速率为:

$$\bar{v} = \frac{-\Delta c_{S_2O_8^{2-}}}{\Delta t}$$

在 c_{I^-} 保持不变的条件下,近似地用平均速率代替初速率:

$$v = k c_{S_2O_8^{2-}}^m c_{I^-}^n = \frac{-\Delta c_{S_2O_8^{2-}}}{\Delta t}$$

为了能够测出反应在 Δt 时间内 $S_2O_8^{2-}$ 浓度的改变值,需要在混合 $(NH_4)_2S_2O_8$ 和 KI 溶液的同时,加入一定体积已知浓度的 $Na_2S_2O_3$ 溶液和淀粉溶液,这样在反应(1)进行的同时还进行下面的反应:

$$2S_2O_3^{2-} + I_3^- = S_4O_6^{2-} + 3I^- \tag{2}$$

这个反应进行得非常快,几乎瞬间完成,而反应(1)比反应(2)慢得多。因此,由反应(1)生成的 I_3^- 立即与 $S_2O_3^{2-}$ 反应,生成无色的 $S_4O_6^{2-}$ 和 I^-。所以在反应的开始段看不到碘与淀粉反应而显示的特有蓝色。这样保持了 c_{I^-} 基本不变,但是一旦 $Na_2S_2O_3$ 耗尽,反应(1)继续生成的 I_3^- 就与淀粉反应而呈现出特有的蓝色。

由于从反应开始到蓝色出现标志着 $S_2O_3^{2-}$ 全部耗尽,所以从反应开始到出现蓝色这段时间里(Δt),$S_2O_3^{2-}$ 浓度的改变 $\Delta c_{S_2O_3^{2-}}$ 实际上就是 $Na_2S_2O_3$ 的起始浓度。

再从反应式(1)和反应式(2)可以看出,$S_2O_8^{2-}$ 减少的量为 $S_2O_3^{2-}$ 减少量的一半,所以 $S_2O_8^{2-}$ 在 Δt 时间内减少的量可以从下式求得

$$\Delta c_{S_2O_8^{2-}} = \frac{\Delta c_{S_2O_3^{2-}}}{2}$$

实验中，通过改变反应物 $S_2O_8^{2-}$ 和 I^- 的初始浓度，测定消耗等量的 $S_2O_8^{2-}$ 的物质的量浓度 $\Delta c_{S_2O_8^{2-}}$ 所需要的不同的时间间隔（Δt），计算得到反应物不同初始浓度的初速率，进而确定该反应的微分速率方程和反应速率常数。

三、仪器、试剂及材料

仪器：烧杯、大试管、量筒、秒表、温度计。

试剂：KI（$0.20\text{mol}\cdot\text{L}^{-1}$）、$Na_2S_2O_3$（$0.010\text{mol}\cdot\text{L}^{-1}$）、$(NH_4)_2S_2O_8$（$0.20\text{mol}\cdot\text{L}^{-1}$）、$Cu(NO_3)_2$（$0.02\text{mol}\cdot\text{L}^{-1}$）、$KNO_3$（$0.20\text{mol}\cdot\text{L}^{-1}$）、$(NH_4)_2SO_4$（$0.20\text{mol}\cdot\text{L}^{-1}$）、淀粉溶液（0.4%）。

材料：冰块。

四、实验内容

1. 浓度对化学反应速率的影响

用量筒分别量取 20.0mL $0.20\text{mol}\cdot\text{L}^{-1}$ KI 溶液以及 8.0mL $0.010\text{mol}\cdot\text{L}^{-1}$ $Na_2S_2O_3$ 溶液和 2.0mL 0.4% 淀粉溶液，全部加入烧杯中，混合均匀。然后用另一量筒取 20.0mL $0.20\text{mol}\cdot\text{L}^{-1}$ $(NH_4)_2S_2O_8$ 溶液，迅速倒入上述混合液中，同时启动秒表，并不断搅动，仔细观察。当溶液刚出现蓝色时，立即按停秒表，记录反应时间和温度（室温）。

用同样方法按表 11-1 的用量进行编号 Ⅰ、Ⅱ、Ⅲ、Ⅳ、Ⅴ 的实验。

2. 温度对化学反应速率的影响

按表 11-1 实验Ⅳ中的药品用量，将装有碘化钾、硫代硫酸钠、硝酸钾和淀粉混合溶液的烧杯和装有过二硫酸铵溶液的小烧杯，放入冰水浴中冷却，待它们温度冷却到低于室温10℃时，将过二硫酸铵溶液迅速加到碘化钾等混合溶液中同时计时并不断搅动，当溶液刚出现蓝色时，记录反应时间。此实验编号记为Ⅵ。

同样方法在热水浴中进行高于室温10℃的实验。此实验编号记为Ⅶ。

将此两次实验数据Ⅵ、Ⅶ和实验Ⅳ的数据记入表 11-2 中进行比较。

表 11-1　浓度对反应速率的影响　　　　　室温：

	实验编号	Ⅰ	Ⅱ	Ⅲ	Ⅳ	Ⅴ
试剂用量/mL	$0.20\text{mol}\cdot\text{L}^{-1}$ $(NH_4)_2S_2O_8$	20.0	10.0	5.0	20.0	20.0
	$0.20\text{mol}\cdot\text{L}^{-1}$ KI	20.0	20.0	20.0	10.0	5.0
	$0.010\text{mol}\cdot\text{L}^{-1}$ $Na_2S_2O_3$	8.0	8.0	8.0	8.0	8.0
	0.4%淀粉溶液	2.0	2.0	2.0	2.0	2.0
	$0.20\text{mol}\cdot\text{L}^{-1}$ KNO_3	0	0	0	10.0	15.0
	$0.20\text{mol}\cdot\text{L}^{-1}$ $(NH_4)_2SO_4$	0	10.0	15.0	0	0
混合液中反应物的起始浓度/$\text{mol}\cdot\text{L}^{-1}$	$(NH_4)_2S_2O_8$					
	KI					
	$Na_2S_2O_3$					
反应时间 Δt/s						
$S_2O_8^{2-}$ 的浓度变化 $\Delta c_{S_2O_8^{2-}}$/$\text{mol}\cdot\text{L}^{-1}$						
反应速率 v						

表 11-2　温度对化学反应速率的影响

实验编号	VI	IV	VII
反应温度 $t/℃$			
反应时间 $\Delta t/s$			
反应速率 v			

3. 催化剂对化学反应速率的影响

按表 11-1 实验Ⅳ的用量，把碘化钾、硫代硫酸钠、硝酸钾和淀粉溶液加到 150mL 烧杯中，再加入 2 滴 $0.02\text{mol·L}^{-1}\text{Cu(NO}_3)_2$ 溶液，搅匀，然后迅速加入过二硫酸铵溶液，搅动、计时。将此实验的反应速率与表 11-1 中实验Ⅳ的反应速率定性地进行比较可得到什么结论。

五、数据记录及处理

1. 反应级数和反应速率常数的计算

将反应速率表示式 $v = k c_{S_2O_8^{2-}}^m c_{I^-}^n$ 两边取对数：

$$\lg v = m\lg c_{S_2O_8^{2-}} + n\lg c_{I^-} + \lg k$$

当 c_{I^-} 不变时（即实验Ⅰ、Ⅱ、Ⅲ），以 $\lg v$ 对 $\lg c_{S_2O_8^{2-}}$ 作图，可得一直线，斜率即为 m。同理，当 $c_{S_2O_8^{2-}}$ 不变时（即实验Ⅰ、Ⅳ、Ⅴ），以 $\lg v$ 对 $\lg c_{I^-}$ 作图，可求得 n，此反应的级数则为 $m+n$。

当求得的和代入即可求得反应速率常数 k。将数据填入表 11-3。

表 11-3　反应速率常数的计算

实　验　编　号	Ⅰ	Ⅱ	Ⅲ	Ⅳ	Ⅴ
$\lg v$					
$\lg c_{S_2O_8^{2-}}$					
$\lg c_{I^-}$					
m					
n					
反应速率常数 k					

2. 反应活化能的计算

反应速率常数 k 与反应温度 T 一般有以下关系：

$$\lg k = \lg A - \frac{E_a}{2.303RT}$$

式中，E_a 为活化能；R 为摩尔气体常数；T 为热力学温度。测出不同温度时的值 k，以 $\lg k$ 对 $1/T$ 作图，可得一直线，由直线斜率 $\left(-\dfrac{E_a}{2.303R}\right)$ 可求得反应的活化能 E_a。将数据填入表 11-4。

表 11-4　反应活化能的计算

实　验　编　号	Ⅵ	Ⅶ	Ⅷ
反应速率常数 k			
$\lg k$			
$1/T$			
反应活化能 E_a			

附注

　　碘化钾溶液应为无色透明溶液,不宜使用有碘析出的浅黄色溶液。过二硫酸铵溶液要新配制的,因为时间长了过二硫酸铵易分解。如所配制过二硫酸铵溶液的 pH 小于 3,说明该试剂已有分解,不适合本实验使用。所用试剂中如混有少量 Cu^{2+}、Fe^{3+} 等杂质,对反应会有催化作用,必要时需滴入几滴 $0.10 mol·L^{-1}$ EDTA 溶液。

思考题

1. 在实验中先加入 $(NH_4)_2S_2O_8$ 溶液会有什么影响?
2. 若不用 $S_2O_8^{2-}$ 而用 I_3^- 或 I^- 浓度变化来表示,反应速率常数是否一样?
3. 为什么在实验 Ⅱ、Ⅲ、Ⅳ 中加入 KNO_3 或 $(NH_4)_2SO_4$ 溶液?
4. 每次实验的计时操作要注意什么?
5. 化学反应的反应级数是怎样确定的?用本试验的结果加以说明。
6. 用 Arrhenius 公式计算活化能 E_a,并与作图法得到的值进行比较。

实验十二 碘化铅溶度积的测定

一、实验目的
1. 了解离子交换树脂的原理和应用。
2. 掌握用离子交换法测定溶度积的原理和方法。
3. 进一步巩固滴定操作。

二、实验原理
常用的离子交换树脂是一种含有活性基团的人造高分子聚合物。含有酸性基团而能与其他物质交换阳离子的称为阳离子交换树脂。含有碱性基团能与其他物质交换阴离子的称为阴离子交换树脂。本实验采用阳离子交换树脂与碘化铅饱和溶液中的铅离子进行交换。其交换反应可以用下式来示意：

$$2R^-H^+ + Pb^{2+} \rightleftharpoons R_2^-Pb^{2+} + 2H^+$$

将一定体积的碘化铅饱和溶液通过阳离子交换树脂，树脂上的氢离子即与铅离子进行交换。完全交换后，流出的氢离子溶液用已知浓度的氢氧化钠溶液滴定，可求出氢离子的含量，转换成碘化铅饱和液中的铅离子浓度，可求出碘化铅的溶度积常数。

三、仪器、试剂及材料

仪器：离子交换柱一支（或用碱式滴定管代替。下端细口处填少许玻璃棉，乳胶管部分取出玻璃球，夹上螺旋夹。如图 12-1 所示），碱式滴定管（50mL）一支，滴定管架，锥形瓶（250mL）两个，温度计（50℃），烧杯一个，移液管（25mL）一支，漏斗一个。

固体试剂：碘化铅、强酸型离子交换树脂。

液体试剂：NaOH 标准溶液（0.005mol·L^{-1}），HNO$_3$（1mol·L^{-1}）。

材料：玻璃棉、pH 试纸、溴化百里酚蓝指示剂。

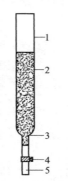

图 12-1 离子交换柱
1—交换柱；2—阳离子交换树脂；3—玻璃棉；4—螺旋夹；5—胶皮管

四、实验内容

1. 碘化铅饱和溶液的配制（实验室工作人员准备）

将过量的碘化铅固体溶于经煮沸除去二氧化碳的蒸馏水中，充分搅动并放置过夜，使其溶解，达到沉淀溶解平衡。

2. 装柱

首先将阳离子交换树脂用蒸馏水浸泡 24~48h（实验室工作人员准备）。装柱前，把交换柱下端填入少许玻璃棉，以防止离子交换树脂流出。然后将浸泡过的阳离子交换树脂随同蒸馏水一并注入交换柱中，到柱子高度为 10~12cm（相对碱式滴定管而言）。整个过程中，要注意液面始终要高出树脂，避免空气进入树脂层影响交换效果。离子交换树脂中有气泡，可用长玻璃棒插入交换柱中搅动树脂，以赶走树脂中的气泡。

3. 转型

在进行离子交换前，须将钠型树脂完全转变成氢型。可用 100mL 1mol·L^{-1} HNO$_3$ 以每分钟 30～40 滴的流速流过树脂。然后用蒸馏水淋洗树脂至淋洗液呈中性（可用 pH 试纸检验）。如果树脂已是氢型，直接进行下步操作。

4. 交换和洗涤

将碘化铅饱和溶液过滤到一个干净的干燥锥形瓶中（注意：过滤时用的漏斗、玻璃棒等必须是干净干燥的。滤纸可用碘化铅饱和溶液润湿）。测量并记录饱和溶液的温度，然后用移液管准确量取 25.0mL 该饱和溶液，转移至离子交换柱内（移液管不要移开直到溶液完全转移到交换柱）。用一个 250mL 洁净的锥形瓶盛接流出液。待碘化铅饱和溶液流出后，再用蒸馏水淋洗树脂至流出液呈中性。将洗涤液一并放入锥形瓶中。控制流出速度，大概 3 秒 1 滴。注意在交换和洗涤过程中，流出液不要损失。

5. 滴定

将锥形瓶中的流出液用 0.005mol·L^{-1} NaOH 标准溶液滴定，用溴化百里酚蓝作指示剂，在 pH＝6.5～7 时，溶液由黄色转变为鲜艳的蓝色，即达到滴定终点，记录数据。

6. 离子交换树脂的后处理

回收用过的离子交换树脂，经蒸馏水洗涤后，再用不含 Cl$^-$ 的约 100mL 1mol·L^{-1} HNO$_3$ 淋洗，然后用蒸馏水洗涤至流出液 pH 为 6～7，即可重复使用。

五、数据记录与处理

碘化铅饱和溶液的温度＝_____℃

通过交换柱的碘化铅饱和溶液的体积＝_____ mL

NaOH 标准溶液的浓度＝_____ mol·L^{-1}

消耗 NaOH 标准溶液的体积＝_____ mL

流出液中 H$^+$ 的量＝_____ mol

饱和溶液中 [Pb^{2+}]＝_____ mol·L^{-1}

碘化铅的 K_{sp}＝_____

思考题

1. 常用离子交换法中包含哪几步？
2. 试述本实验原理。
3. 在交换和洗涤过程中，如果流出液有一少部分损失掉，会对实验结果造成什么影响？
4. 在离子交换树脂的转型中，如果加入硝酸的量不够，树脂没完全变成氢型，会对实验结果造成什么影响？
5. 为什么要防止空气进入树脂交换柱内？

实验十三　p区元素

一、实验目的

1. 了解p区元素化合物的氧化性和还原性，掌握发生氧化还原的条件。
2. 了解p区元素氧化物或氢氧化物的酸碱性。
3. 了解p区元素化合物的溶解性和水解反应。
4. 掌握某些p区离子的鉴定方法。

二、仪器、试剂及材料

仪器：离心机、封闭式电炉、离心试管、试管、烧杯。

液体试剂：H_2SO_4（浓、$2mol·L^{-1}$），HNO_3（浓、$2mol·L^{-1}$、$6mol·L^{-1}$），HCl（浓、$2mol·L^{-1}$、$6mol·L^{-1}$），H_2O_2（3%、30%），HAc（$2mol·L^{-1}$），H_2S（饱和）；硼酸（饱和）；$NH_3·H_2O$（浓、$2mol·L^{-1}$），$NaOH$（$2mol·L^{-1}$、$6mol·L^{-1}$）；$Na_2S_2O_3$（饱和、$0.1mol·L^{-1}$、$0.5mol·L^{-1}$）；$NaHSO_3$（$0.05mol·L^{-1}$）；Na_2SO_3（$0.1mol·L^{-1}$），$NaNO_2$（饱和、$0.1mol·L^{-1}$），Na_3AsO_4（中性溶液），NaH_2AsO_3（中性溶液），$NaSbO_3$，Na_2S（$0.5mol·L^{-1}$），Na_3PO_4（$0.1mol·L^{-1}$），Na_2HPO_4（$0.1mol·L^{-1}$），NaH_2PO_4（$0.1mol·L^{-1}$），$Na_4P_2O_7$（$0.1mol·L^{-1}$），$NaPO_3$（$0.1mol·L^{-1}$），Na_2SiO_3（20%），$NaAc$（饱和），$NaCl$（$0.5mol·L^{-1}$），$NaClO$（饱和），$(NH_4)_2S_2$（饱和），$(NH_4)_2MoO_4$（$0.1mol·L^{-1}$），KBr（$0.1mol·L^{-1}$），KI（$0.1mol·L^{-1}$、$0.2mol·L^{-1}$），KIO_3（$0.1mol·L^{-1}$、$0.05mol·L^{-1}$），$KMnO_4$（$0.1mol·L^{-1}$、$0.01mol·L^{-1}$），K_2CrO_4（$0.5mol·L^{-1}$），$MnSO_4$（$0.1mol·L^{-1}$、$0.002mol·L^{-1}$），$FeCl_3$（$0.1mol·L^{-1}$），$Bi(NO_3)_3$（饱和、$0.1mol·L^{-1}$），$SbCl_3$（饱和），$SnCl_2$（$0.5mol·L^{-1}$），$Pb(NO_3)_2$（$0.5mol·L^{-1}$），$HgCl_2$（$0.2mol·L^{-1}$），$AgNO_3$（$0.1mol·L^{-1}$），$CaCl_2$（$0.1mol·L^{-1}$），Cl^-、Br^-、I^-混合试液；新制的氯水、溴水、碘水、四氯化碳、蛋白溶液、镁铵试剂、萘斯勒试剂（$K_2[HgI_4]$）、无水乙醇、可溶性淀粉溶液、品红溶液、硫代乙酰胺溶液、甘油。

固体试剂及材料：碘、氯化钠、溴化钾、碘化钾、氯酸钾、锌粉、二氧化锰、过二硫酸钾、铁粉、铋酸钠、金属锡、二氧化铅、铅丹（Pb_3O_4）、硝酸钠、硝酸铜、硝酸银、硝酸钴、氯化钙、硫酸铜、硫酸镍、硫酸锌、硫酸锰、硫酸亚铁、三氯化铁、硼酸、醋酸铅试纸、淀粉-碘化钾试纸、pH试纸和品红试纸、冰。

三、实验内容

1. 单质的性质

（1）溴和碘的溶解性

① 在试管中加0.5mL溴水，沿管壁加入0.5mL四氯化碳，观察水层和四氯化碳层的颜色。振荡试管，静置后，观察水层和四氯化碳层的颜色有何变化，比较溴在水中和四氯化碳中的溶解性。

② 取一小粒碘晶体放在试管中，加入2mL蒸馏水，振荡试管，观察液体的颜色有什么变化？再加入几滴$0.1mol·L^{-1}$ KI溶液，摇匀，颜色发生什么变化？为什么？

③ 取 1mL 上述碘溶液，加入 0.5mL 四氯化碳，振荡试管，观察水层和四氯化碳层的颜色有何变化，比较碘在水中和四氯化碳中的溶解性。用滴管吸取上层碘溶液，移到另一支试管中，往此试管中加几滴淀粉溶液，即成蓝色（如颜色太深，可稀释后观察）。将此溶液留下，供下面实验用。以上两种方法都可以用来检验碘的存在。

（2）氯、溴、碘单质的氧化性及 Cl^-、Br^-、I^- 的还原性

① 碘的氧化性　在（1）③实验后留下的蓝色溶液中，逐滴滴入 $0.1mol·L^{-1}$ 的 $Na_2S_2O_3$ 溶液，观察颜色变化，解释反应现象。

② 往盛有少量 NaCl 固体的试管中，加 1mL 浓 H_2SO_4，微热之，观察反应产物的颜色和状态。用玻璃棒蘸一些浓氨水，移近试管口以检验气体产物。写出反应方程式，并加以解释。

③ 往盛有少量 KBr 固体的试管中，加 1mL 浓 H_2SO_4，观察反应产物的颜色和状态。把湿的品红试纸移近管口，以检验气体产物。写出反应方程式，此反应与实验（2）②有何不同，为什么？

④ 往盛有少量 KI 固体的试管中，加 1mL 浓 H_2SO_4，观察反应产物的颜色和状态。把湿的醋酸铅试纸移近管口，以检验气体产物。写出反应方程式，此反应与实验（2）②有何不同，为什么？

⑤ Br^-、I^- 还原性的比较　往两支试管中，分别加入 0.5mL $0.1mol·L^{-1}$ KI 溶液和 0.5mL $0.1mol·L^{-1}$ KBr 溶液，然后各加入两滴 $0.1mol·L^{-1}$ $FeCl_3$ 溶液和 0.5mL 四氯化碳。充分振荡，观察两试管中四氯化碳层的颜色有无变化，并加以解释。

根据实验现象写出反应方程式，查阅有关的标准电极电势，说明卤素单质的氧化性顺序和卤离子的还原性顺序。

（3）单质的歧化反应

在碘化钾的碱性溶液（pH>12）中，逐滴滴入数滴次氯酸钠溶液，再加 0.5mL 四氯化碳，振荡，观察四氯化碳层中的颜色。若四氯化碳层中无碘的颜色，酸化该溶液，再观察四氯化碳层中的颜色。根据该实验现象，试解释工业上是如何从海水中提取 Br_2 和 I_2 的？

2. 含氧酸及其盐的氧化还原性

（1）次氯酸钠的氧化性

① 与浓盐酸的反应　取 NaClO 溶液 0.5mL，加入浓盐酸约 0.5mL，观察氯气的产生，写出反应方程式，并设法证明产生的气体（注意通风）。

② 与碘化钾溶液的反应　取约 0.5mL 酸化了的 KI-淀粉溶液，慢慢滴加 NaClO 饱和溶液，观察 I_2 的生成，写出反应式。

③ 与 $0.1mol·L^{-1}$ $MnSO_4$ 溶液的反应　取 0.5mL NaClO 溶液，加入 4～5 滴 $0.1mol·L^{-1}$ $MnSO_4$，观察沉淀的生成并写出反应方程式。

④ 与品红溶液的作用　取 1 滴品红溶液，用少量水稀释后，加入 0.5mL NaClO 溶液。观察颜色的变化。

根据以上实验，对于次氯酸钠的性质，你能得出什么结论？用标准电极电势解释之。

（2）氯酸钾的氧化性

用氯酸钾晶体进行如下实验。

① 取一支试管，加入少量 $KClO_3$ 晶体，再加入约 1mL 浓盐酸溶液，观察产生气体的颜色（注意通风）。

反应方程式：$8KClO_3 + 24HCl == 9Cl_2 + 8KCl + 6ClO_2 + 12H_2O$

② 取一支试管，加入少量 $KClO_3$ 晶体，再加入约 1mL 水使之溶解，然后加 5 滴 $0.1mol·L^{-1}$ KI 溶液和 0.5mL 四氯化碳，摇动试管，观察水溶液层和四氯化碳层的颜色有何变化。再加入 1mL $2mol·L^{-1}$ 的 H_2SO_4 后，摇动试管，观察水溶液层和四氯化碳层颜色有何变化，写出反应方程式，并讨论氯酸钾的氧化性。

(3) 碘酸钾的氧化性

① 在试管中放入 0.5mL $0.05mol·L^{-1}$ $NaHSO_3$ 溶液，加 1 滴 $2mol·L^{-1}$ 硫酸和 1 滴可溶性淀粉溶液，滴加 $0.05mol·L^{-1}$ KIO_3 溶液，边加边振荡，直至有深蓝色出现为止，解释所观察到的现象。

② $0.1mol·L^{-1}$ KIO_3 溶液经过 $2mol·L^{-1}$ 硫酸酸化后加入几滴淀粉溶液，再滴加 $0.1mol·L^{-1}$ Na_2SO_3 观察现象，写出反应式。如果不酸化会怎样？改变加入试剂顺序会怎样？

(4) 硫的含氧酸及其盐的氧化还原性

① 亚硫酸及其盐 往 1mL $0.1mol·L^{-1}$ Na_2SO_3 溶液中加 2 滴 $2mol·L^{-1}$ H_2SO_4，摇匀，分别将润湿的 pH 试纸和品红试纸伸入试管内，观察现象。将溶液分成两份，一支试管中加 $0.01mol·L^{-1}$ $KMnO_4$ 溶液 1~2 滴，观察现象；另一支加入 5~6 滴饱和 H_2S 溶液，观察现象。

② 硫代硫酸盐 a. 往 $0.1mol·L^{-1}$ $Na_2S_2O_3$ 溶液中滴加碘水，溶液的颜色有什么变化？写出反应方程式。b. 往 $0.1mol·L^{-1}$ $Na_2S_2O_3$ 溶液中滴加 $2mol·L^{-1}$ 盐酸加热，观察有什么变化？写出反应方程式。$S_2O_3^{2-}$ 遇酸会发生分解，常用于检出 $S_2O_3^{2-}$ 的存在。c. 在试管中加 0.5mL $0.1mol·L^{-1}$ $AgNO_3$ 溶液，再加几滴 $0.1mol·L^{-1}$ $Na_2S_2O_3$ 溶液，先产生白色沉淀，然后沉淀由白变黄、变棕，最后变黑。相应的反应方程式：

$$2Ag^+ + S_2O_3^{2-} == Ag_2S_2O_3 \downarrow （白色）$$

$$Ag_2S_2O_3 + H_2O == H_2SO_4 + Ag_2S \downarrow \quad Na_2S_2O_3 的特征反应。$$

注意：$Na_2S_2O_3$ 过量会发生如下反应：

$$Ag^+ + 2S_2O_3^{2-} == Ag(S_2O_3)_2^{3-}$$

③ 过二硫酸盐 把 5mL $1mol·L^{-1}$ H_2SO_4、5mL 蒸馏水和 4 滴 $0.002mol·L^{-1}$ $MnSO_4$ 溶液混合均匀后，把这一溶液分成两份：往一份溶液中加 1 滴 $0.1mol·L^{-1}$ $AgNO_3$ 溶液和少量 $K_2S_2O_8$ 固体，微热之，溶液的颜色有什么变化？另一份溶液中只加少量 $K_2S_2O_8$ 固体，微热之，溶液的颜色有什么变化？相应的反应方程式：

$$5S_2O_8^{2-} + 2Mn^{2+} + 8H_2O \xrightarrow{Ag^+} 10SO_4^{2-} + 2MnO_4^- + 16H^+$$

$$2K_2S_2O_8 \xrightarrow{\triangle} 2K_2SO_4 + 2SO_2 \uparrow + 2O_2 \uparrow$$

比较上面两个实验的结果，有什么不同？为什么？

(5) 三价砷、锑、铋盐的还原性和五价砷、锑、铋盐的氧化性

① 取少量自制的亚砷酸钠溶液调 pH 至中性左右，滴加碘水，观察现象，然后将溶液用浓盐酸酸化，又有何变化？写出反应方程式，并解释之。

② 用自制的亚锑酸钠溶液代替亚砷酸钠溶液做上述实验，观察现象，写出有关的反应方程式，并解释之。

③ 在蒸发皿中，加 1mL 硝酸铋(Ⅲ)溶液，再加入氢氧化钠溶液和氯水，加热，观

察现象。倾去溶液，洗涤沉淀，再加浓 HCl 作用于沉淀物，有什么现象产生（注意通风）？试鉴别气体产物。写出反应方程式，并解释之。

④ 铋酸盐的氧化性　在一支试管中，滴加两滴 $0.1 mol \cdot L^{-1}$ $MnSO_4$ 溶液和 2mL $2 mol \cdot L^{-1}$ HNO_3 溶液，然后加入少量固体 $NaBiO_3$，用玻璃棒搅拌并微热之，观察溶液的颜色变化，写出反应方程式。与上述实验比较。

(6) 亚硝酸的氧化还原性

① 亚硝酸的氧化性　取 0.5mL $0.1 mol \cdot L^{-1}$ KI 溶液于小试管中，加入几滴 $1 mol \cdot L^{-1}$ H_2SO_4 使其酸化，然后逐滴加入 $0.1 mol \cdot L^{-1}$ $NaNO_2$ 溶液，观察 I_2 的生成。写出反应方程式。

② 亚硝酸的还原性　取 0.5mL $0.1 mol \cdot L^{-1}$ $KMnO_4$ 溶液于小试管中，加入几滴 $1 mol \cdot L^{-1}$ H_2SO_4 使其酸化，然后加入 $0.1 mol \cdot L^{-1}$ $NaNO_2$ 溶液，观察现象，写出反应方程式。

(7) 锡(Ⅱ)的还原性

① 氯化亚锡的还原性　往 0.5mL $0.2 mol \cdot L^{-1}$ $HgCl_2$ 溶液中，逐滴加入 $0.5 mol \cdot L^{-1}$ $SnCl_2$ 溶液，即生成白色的 Hg_2Cl_2 沉淀，即 $2HgCl_2 + SnCl_2 = Hg_2Cl_2 \downarrow + SnCl_4$；继续加过量 $SnCl_2$ 溶液，并不断搅拌，然后放置 2~3min，Hg_2Cl_2 又会被还原为 Hg（黑色）：

$$Hg_2Cl_2 + SnCl_2 = 2Hg \downarrow + SnCl_4$$

最终是黑色和白色混杂色，故呈灰色。这一反应常用于 Sn^{2+} 或 Hg^{2+} 的鉴定。

② 亚锡酸钠的还原性　往自制的亚锡酸钠溶液中，加入硝酸铋溶液，观察现象。此反应用来鉴定 Sn^{2+} 或 Bi^{3+}：

$$3Sn(OH)_4^{2-} + 2Bi^{3+} + 6OH^- = 3Sn(OH)_6^{2-} + 2Bi \downarrow （黑色）$$

(8) 铅(Ⅳ)的氧化性

① 在少量 PbO_2 固体中，加入浓 HCl，观察现象，并鉴定生成的气体。写出反应方程式。

② 取 1 滴 $0.1 mol \cdot L^{-1}$ $MnSO_4$ 溶液加入 2mL $6 mol \cdot L^{-1}$ HNO_3 溶液酸化，然后加入少量 PbO_2 固体微热之，观察发生的现象，写出反应方程式，并解释之。

③ 铅丹（Pb_3O_4）的组成：取少量 Pb_3O_4 固体加入到少量的 $6 mol \cdot L^{-1}$ HNO_3 溶液中，不断搅拌，观察 Pb_3O_4 的颜色变化，并与 PbO_2 的颜色比较。写出相应的反应方程式。

由以上实验可以得出什么结论？

(9) H_2O_2 的氧化还原性

① 氧化性　取少量 3%过氧化氢溶液用 $2 mol \cdot L^{-1}$ 硫酸酸化后滴加 $0.1 mol \cdot L^{-1}$ KI 观察现象，写出反应式。

② 还原性　取少量 3%过氧化氢溶液用硫酸酸化后滴加 $0.01 mol \cdot L^{-1}$ $KMnO_4$ 溶液观察现象，用火柴余烬检验产生的气体，写出反应方程式。

③ 介质酸碱性对过氧化氢氧化还原性质的影响　在少量 3%过氧化氢溶液中加入 $2 mol \cdot L^{-1}$ NaOH 溶液数滴，再加入 $0.1 mol \cdot L^{-1}$ $MnSO_4$ 溶液数滴，观察现象，写出反应式。

溶液静置后倾去清液，在沉淀中加入少量硫酸溶液后滴加 3%过氧化氢溶液，观察现象，写出反应式予以解释。

3. 含氧酸的稳定性

(1) 过氧化氢的分解

① 加热少量 3% 过氧化氢溶液，观察现象，用火柴余烬检验产生的气体。

② 少量 3% 过氧化氢溶液中加入少量 MnO_2 固体，观察现象，用火柴余烬检验产生的气体，写出反应式。

③ 少量 3% 过氧化氢溶液中加入少量铁粉，观察现象，用火柴余烬检验产生的气体，写出反应式。

通过以上实验，简单总结过氧化氢的化学性质及实验室的保存方法。

(2) 亚硝酸的生成和分解（亚硝酸及其盐有毒，注意勿进入口内！）

把盛有约 1mL 饱和 $NaNO_2$ 溶液的试管置于冰水中冷却，然后加入约 1mL $2mol·L^{-1}$ H_2SO_4 溶液，混合均匀，观察有浅蓝色亚硝酸溶液的生成。将试管自冰水中取出并放置一段时间，观察亚硝酸在室温下的迅速分解。

(3) 硝酸盐的热分解

分别试验固体硝酸钠、硝酸铜、硝酸银的热分解，观察反应的情况和产物的颜色，检验反应生成的气体，写出反应方程式。

总结硝酸盐的热分解与阳离子的关系。

4. 化合物的酸碱性及其水解

(1) 磷酸钙盐的生成和性质

分别取 $0.1mol·L^{-1}$ Na_3PO_4、Na_2HPO_4 和 NaH_2PO_4 溶液于三支试管中，各加入 $0.1mol·L^{-1}$ $CaCl_2$ 溶液，观察有无沉淀产生？加入氨水后，又各有什么变化？再分别加入 $2mol·L^{-1}$ 盐酸后，再各有什么变化？将观察的现象记录于表 13-1。

表 13-1　磷酸钙盐的生成实验现象记录

加入物质	$CaCl_2$	$NH_3·H_2O$	HCl
Na_3PO_4			
Na_2HPO_4			
NaH_2PO_4			

比较 $Ca_3(PO_4)_2$、$CaHPO_4$ 和 $Ca(H_2PO_4)_2$ 的溶解性，说明它们之间相互转化的条件。写出相应的反应方程式。

(2) 磷酸盐的酸碱性

用 pH 试纸分别试验 $0.1mol·L^{-1}$ Na_3PO_4、Na_2HPO_4 和 NaH_2PO_4 溶液的酸碱性。然后取此三种溶液各 10 滴分别于三支试管中，各加入 10 滴 $AgNO_3$ 溶液，观察黄色磷酸银沉淀的生成。再分别用 pH 试纸检查它们的酸碱性并记录在表 13-2 中，前后对比各有什么变化？并加以解释。

表 13-2　磷酸盐的酸碱性实验现象记录

加入物质	pH	加 $AgNO_3$ 后 pH
Na_3PO_4		
Na_2HPO_4		
NaH_2PO_4		

(3) 锡、铅氢氧化物的生成及其酸碱性

① 氢氧化锡(Ⅱ)的生成和酸碱性　在离心试管中，加入 0.5mL $0.5mol·L^{-1}$ $SnCl_2$ 溶液，再滴加 $2mol·L^{-1}$ NaOH 溶液，使生成白色沉淀（碱勿过量）。离心分离，弃去溶液，

将沉淀分成两份,分别试验该沉淀对 2mol·L^{-1} 盐酸和 2mol·L^{-1} NaOH 溶液的作用。

② 氢氧化铅(Ⅱ)的生成和酸、碱性 取 0.5mL 0.5mol·L^{-1} Pb(NO$_3$)$_2$ 溶液,用与上述实验相同方法试验沉淀对稀酸和稀碱的作用(应该用何种酸?)。

根据上面的实验,对 Sn(OH)$_2$ 和 Pb(OH)$_2$ 的酸、碱性作出结论。

③ α-锡酸的生成和性质 取 1mL SnCl$_4$ 溶液,滴加 2mol·L^{-1} NaOH 溶液,使有沉淀生成,即得 α-锡酸。离心分离,弃去溶液,试验沉淀对稀碱和稀酸的作用。

④ β-锡酸的生成和性质 取少量金属锡与浓 HNO$_3$ 作用,微热之(NO$_2$ 气体有毒,应在通风橱内操作),所得沉淀为 β-锡酸,或者按上述实验方法制得的 α-锡酸,于水浴中煮沸 30~40min,则转变成 β-锡酸。试验 β-锡酸对稀酸和稀碱的作用,并与 α-锡酸比较。

(4) 锡(Ⅱ)水解性

取 2mL 0.5mol·L^{-1} SnCl$_2$ 溶液加水稀释,有什么现象?再逐滴加入 6mol·L^{-1} HCl 又有什么现象?写出反应方程式。

(5) 硅酸水凝胶的生成

往 2mL 20%硅酸钠溶液中滴加 6mol·L^{-1} 盐酸,观察产物的颜色、状态。

(6) 微溶性硅酸盐的生成

在 100mL 烧杯中加入 50mL 20%的硅酸钠溶液,然后把氯化钙、硝酸钴、硫酸铜、硫酸镍、硫酸锌、硫酸锰、硫酸亚铁、三氯化铁固体各一小粒投入杯内(注意各固体之间保持一定间隔),放置一段时间后观察有何现象发生。

5. 化合物的溶解性及难溶化合物的生成和性质

(1) 卤化银的性质

在三支离心试管中,分别加入几滴 0.5mol·L^{-1} NaCl 溶液,然后滴加 0.1mol·L^{-1} AgNO$_3$ 溶液至三支离心试管中的 AgCl 沉淀完全为止,离心分离,弃去溶液,观察沉淀的颜色。再分别试验 AgCl 沉淀是否溶于 2mol·L^{-1} HNO$_3$、6mol·L^{-1} 氨水和 0.5mol·L^{-1} Na$_2$S$_2$O$_3$ 溶液中。写出反应方程式,再用相同浓度的 KBr、KI 代替 NaCl 溶液进行同样的实验。记录反应的现象并解释之。由此可得出什么结论?

(2) 砷、锑、铋的硫化物和硫代硫酸盐

① 在 Na$_3$AsO$_3$(自制)、SbCl$_3$、Bi(NO$_3$)$_3$ 溶液中,分别和 6mol·L^{-1} HCl 混合,把硫代乙酰胺溶液加入混合液中,在水浴中加热,观察反应产物的颜色和状态,离心分离,将弃去溶液后的沉淀物各分为三份,分别加入浓 HCl、2mol·L^{-1} NaOH 溶液和 0.5mol·L^{-1} Na$_2$S 溶液,观察沉淀是否溶解,并写出反应方程式。

② 先把盛有 2mL 0.2mol·L^{-1} 砷酸钠溶液的离心试管和盛有 2mL 浓盐酸的试管放在冰水中冷却,然后混合并加入硫代乙酰胺溶液,在水浴上加热,观察产物的颜色和状态。离心分离,弃去溶液,把沉淀分成三份,试验其对浓 HCl、2mol·L^{-1} NaOH 和 0.5mol·L^{-1} Na$_2$S 溶液的溶解情况,写出反应方程式。

(3) 铅(Ⅱ)和锡(Ⅱ)的难溶化合物

① 氯化铅 在 1mL 水中,加数滴 0.5mol·L^{-1} 的 Pb(NO$_3$)$_2$ 溶液,然后滴加稀盐酸,即有白色 PbCl$_2$ 沉淀生成。将所得沉淀连同溶液一起加热,沉淀是否溶解?再把溶液冷却,又有什么变化?由此可得出什么结论?

② 碘化铅 将稀盐酸改为 0.2mol·L^{-1} KI 溶液,用与上述实验相同的方法,试验 PbI$_2$ 的生成和溶解。

③ **铬酸铅** 由 0.5mol·L⁻¹ Pb(NO₃)₂ 溶液和 0.5mol·L⁻¹ K₂CrO₄ 溶液制备 PbCrO₄，注意它的颜色和状态，并试验它在 HNO₃ 和 NaOH 溶液中的溶解情况。由此得出 PbCrO₄ 生成的条件是什么？写出相应的反应方程式。

④ **硫酸铅** 用稀 H₂SO₄ 代替上述实验中的稀盐酸，可得到硫酸铅的白色沉淀（可微热之）。离心分离，将沉淀分作两份，一份加入浓硫酸并微热之，沉淀是否溶解；另一份加入饱和 NaAc 溶液，微热并搅拌之，沉淀是否溶解，解释上述现象。写出相应的反应方程式。

⑤ **硫化锡(Ⅱ)和硫化铅** 往两支离心管中分别加入 1mL 0.5mol·L⁻¹ Pb(NO₃)₂ 溶液和 0.5mol·L⁻¹ SnCl₂ 溶液，然后加入硫代乙酰胺溶液，并在水浴上加热，观察反应产物的颜色和状态。离心分离，弃去溶液，把沉淀分成两份，分别试验它们与 6mol·L⁻¹ HNO₃ 和多硫化铵溶液的作用。写出相应的反应方程式。

6. 离子及化合物的鉴定

(1) Cl⁻、Br⁻、I⁻ 的分离和检出

水溶液中当 Cl⁻、Br⁻、I⁻ 同时存在时，可按如下的步骤进行分离和检出。

① 在离心管加 2mL Cl⁻、Br⁻、I⁻ 混合试液，加 2～3 滴 6mol·L⁻¹ 硝酸酸化，再加 0.1mol·L⁻¹ AgNO₃ 溶液至沉淀完全，在水浴中加热两分钟，使卤化银聚沉，离心分离，弃去溶液，再用蒸馏水将沉淀洗涤两次。

② 往卤化银沉淀上加 2mL 6mol·L⁻¹ 氨水，搅拌一分钟；离心分离（沉淀下面实验用），将清液移到另一支试管中，用 6mol·L⁻¹ 硝酸酸化，如果有 AgCl 白色沉淀产生，表示有 Cl⁻ 存在。

③ 往实验步骤②的沉淀中加 1mL 蒸馏水和少量锌粉，充分搅拌，使沉淀变为黑色，离心分离，弃去残渣（Ag），往清液（含 Br⁻、I⁻）中加 0.5mL 四氯化碳，然后滴加氯水，每加一滴后，都要振荡试管，并观察四氯化碳层的颜色变化，如果四氯化碳层变为紫色，表示有 I⁻，继续滴加氯水，I₂ 即被氧化为 HIO₃（无色）。这时，如果四氯化碳层为黄色或橙黄色，即表示有 Br⁻ 存在于混合试液中。写出相应的反应方程式。

(2) 偏磷酸根、磷酸根和焦磷酸根的鉴定

① 分别向 0.1mol·L⁻¹ Na₃PO₄、0.1mol·L⁻¹ Na₄P₂O₇、0.1mol·L⁻¹ NaPO₃ 水溶液中滴加 0.1mol·L⁻¹ AgNO₃ 溶液，各有什么现象发生？生成的沉淀溶于 2mol·L⁻¹ HNO₃ 吗？

② 以 2mol·L⁻¹ HAc 溶液酸化磷酸盐溶液、焦磷酸盐溶液、偏磷酸盐溶液后分别加入蛋白溶液，各有什么现象发生？请记录于表 13-3 中。

表 13-3 偏磷酸根、磷酸根和焦磷酸根的鉴定实验记录

加入物质	AgNO₃	AgNO₃/HNO₃	蛋白溶液
Na₃PO₄			
Na₄P₂O₇			
NaPO₃			

(3) 磷酸根离子的鉴定

① **磷酸银沉淀法** 见实验 4.(2)。

② **磷酸铵镁法** 在 2 滴 0.1mol·L⁻¹ Na₃PO₄ 试液中滴入数滴镁铵试剂，则有白色沉淀生成。若试液为酸性，可用浓氨水调至碱性后再试验。反应方程式如下：

$$PO_4^{3-} + NH_4^+ + Mg^{2+} \Longrightarrow MgNH_4PO_4 \downarrow$$

③ **磷钼酸铵法** 在 3 滴 0.1mol·L⁻¹ Na₃PO₄ 试液中，滴入 1 滴 6mol·L⁻¹ HNO₃ 和

8～10滴 0.1mol·L^{-1} (NH$_4$)$_2$MoO$_4$ 溶液，即有黄色沉淀产生，反应方程式如下：

$$PO_4^{3-} + 12MoO_4^{2-} + 3NH_4^+ + 24H^+ = (NH_4)_3PO_4 \cdot 12MoO_3 \cdot 6H_2O\downarrow + 6H_2O$$

(4) 硼酸及硼酸的焰色鉴定反应

① 硼酸的性质 取 1mL 饱和硼酸溶液，用 pH 试纸测其 pH。在硼酸溶液中滴入 3～4 滴甘油，再测溶液的 pH。该实验说明硼酸具有什么性质？

② 硼酸的鉴定反应 在蒸发皿中放入少量硼酸晶体、1mL 乙醇和几滴浓硫酸。混合后点燃，观察火焰的颜色有何特征。

(5) AsO_4^{3-}、AsO_3^{3-} 和 Bi^{3+} 的鉴定

① 在中性的 Na$_3$AsO$_4$ 和 Na$_3$AsO$_3$ 试液中，加入 AgNO$_3$ 溶液，AsO_4^{3-} 存在时，生成棕红色的 Ag$_3$AsO$_4$ 沉淀；AsO_3^{3-} 存在时，生成 Ag$_3$AsO$_3$ 黄色沉淀，沉淀均能溶于饱和 Na$_2$S$_2$O$_3$ 溶液（Cl$^-$ 的存在，对此鉴定有干扰），写出反应方程式。

② 在亚锡酸钠（自制）中，加入 2 滴 0.1mol·L^{-1} Bi(NO$_3$)$_3$ 溶液，观察有黑色沉淀生成。证明有 Bi^{3+} 存在，写出反应方程式。

附注

1. 8KClO$_3$ + 24HCl = 9Cl$_2$ + 8KCl + 6ClO$_2$ + 12H$_2$O，生成物中的 ClO$_2$ 室温为赤黄色气体，具有与氯、硝酸相似的刺激性气味。固态呈赤黄色晶体，有毒，具有爆炸性、腐蚀性。溶于水同时水解为亚氯酸和氯酸，溶于碱溶液生成亚氯酸盐和氯酸盐。对热不稳定，见光分解，能被硫酸溶液吸收。

2. 亚砷酸钠溶液（0.1mol·L^{-1}）的配制方法：称取 13.0g 亚砷酸钠（NaAsO$_2$，分子量 129.9）于 100mL 热的蒸馏水中，再定容到 1000mL。

3. Na$_3$AsO$_3$ 的配制方法：取 As$_2$S$_3$ 粉末与氢氧化钠饱和溶液作用，形成 Na$_3$AsO$_3$ 的饱和溶液。

4. 亚锑酸钠的配制方法：取 Sb$_2$S$_3$ 粉末与氢氧化钠饱和溶液作用，形成 Na$_3$SbO$_3$ 的饱和溶液。

5. SnCl$_4$ 溶液的配制方法：市售固体四氯化锡溶解在浓盐酸中，再加水稀释，并加少量锡粒防水解。

6. 有机溶剂如苯、四氯化碳、氯仿（CHCl$_3$）等，与水不相溶。当它们与水混合时，明显分两层，苯比水轻，在上层；四氯化碳和氯仿比水重，在下层。卤素（非极性分子）在有机溶剂中溶解度比水中大，因此当它们被萃取到有机溶剂中显示明显的颜色，特别是在非极性溶剂中显示出蒸气的颜色，这样就容易判断它们的存在。溴在非有机溶剂中显棕色或黄色，碘在非有机溶剂中显紫红色或粉红。

思考题

1. 在水溶液中，硫代硫酸钠和硝酸银反应，为什么有时生成硫化银沉淀，有时却生成 Ag(S$_2$O$_3$)$_2^{3-}$？

2. 用硝酸银鉴定卤素离子时，为何要加入稀硝酸？向未知试液中加入硝酸银试剂，若无沉淀生成，能否证明其中不存在卤素离子？若有沉淀生成，能否确定其中必有卤素离子？

3. 在硼酸溶液中加入多羟基化合物后，溶液的酸度会怎样变化？为什么？

4. 在进行碘酸钾的氧化性实验时，如在试管中先加入 NaHSO$_3$ 溶液和其他试剂，然后再加入 KIO$_3$ 溶液，实验现象有何不同？为什么？

5. 为什么 H$_2$O$_2$ 既可作氧化剂又可作还原剂？什么条件下 H$_2$O$_2$ 可将 Mn^{2+} 氧化为 MnO$_2$？在什么条件下 MnO$_2$ 又能将 H$_2$O$_2$ 氧化而产生 O$_2$？

6. 长期放置 H$_2$S、Na$_2$SO$_3$ 和 Na$_2$S 溶液会产生什么变化？

实验十四　ds 区元素

一、实验目的

1. 学习铜、银、锌、镉、汞氧化物和氢氧化物的酸碱性，硫化物的溶解性。
2. 掌握 Cu(Ⅰ)、Cu(Ⅱ) 重要化合物的性质及相互转化条件。
3. 试验并熟悉铜、银、锌、镉、汞的配位能力，以及 Hg_2^{2+} 和 Hg^{2+} 的转化。

二、仪器、试剂及材料

仪器：试管（10mL），烧杯（250mL），离心机，离心试管。

试剂及材料：HCl($2mol·L^{-1}$、浓)，H_2SO_4($2mol·L^{-1}$)，HNO_3($2mol·L^{-1}$、浓)，NaOH($2mol·L^{-1}$、$6mol·L^{-1}$、40%)，氨水($2mol·L^{-1}$、浓)，$CuSO_4$($0.2mol·L^{-1}$)，$ZnSO_4$($0.2mol·L^{-1}$)，$CdSO_4$($0.2mol·L^{-1}$)，NaCl($0.2mol·L^{-1}$)，$CuCl_2$($0.5mol·L^{-1}$)，$SnCl_2$($0.2mol·L^{-1}$)，$HgCl_2$($0.2mol·L^{-1}$)，$AgNO_3$($0.1mol·L^{-1}$)，KI($0.2mol·L^{-1}$)，KSCN($0.1mol·L^{-1}$)，$Hg(NO_3)_2$($0.2mol·L^{-1}$)，Na_2S($1mol·L^{-1}$)，$Na_2S_2O_3$($0.5mol·L^{-1}$)，金属汞，碘化钾，铜屑，葡萄糖溶液（10%），pH 试纸。

三、实验步骤

1. 铜、银、锌、镉、汞氢氧化物或氧化物的生成和性质

（1）铜、锌、镉氢氧化物的生成和性质

向三支分别盛有 0.5mL $0.2mol·L^{-1}$ $CuSO_4$、$ZnSO_4$、$CdSO_4$ 溶液的试管中滴加新配制的 $2mol·L^{-1}$ NaOH 溶液，观察溶液颜色及状态。

将各试管中沉淀分成两份：一份加 $2mol·L^{-1}$ H_2SO_4，一份继续滴加 $2mol·L^{-1}$ NaOH 溶液，观察现象，写出反应式。

（2）银、汞氧化物的生成和性质

① 氧化银的生成和性质　取 0.5mL $0.1mol·L^{-1}$ $AgNO_3$ 溶液，滴加新配制的 $2mol·L^{-1}$ NaOH 溶液，观察沉淀的颜色和状态。洗涤并离心分离沉淀，将沉淀分成两份：一份加入 $2mol·L^{-1}$ HNO_3，另外一份加入 $2mol·L^{-1}$ 氨水。观察现象，写出反应方程式。

② 氧化汞的生成和性质　取 0.5mL $0.2mol·L^{-1}$ $Hg(NO_3)_2$ 溶液，滴加新配制的 $2mol·L^{-1}$ NaOH 溶液，观察溶液的颜色和状态。将沉淀分成两份：一份加入 $2mol·L^{-1}$ HNO_3，另一份加入 40% NaOH 溶液。观察现象，写出有关反应方程式。

2. 铜、银、锌、镉、汞硫化物的生成和性质

往五支分别盛有 0.5mL $0.2mol·L^{-1}$ $CuSO_4$、$AgNO_3$、$ZnSO_4$、$CdSO_4$、$Hg(NO_3)_2$ 溶液的离心试管中滴加 $1mol·L^{-1}$ Na_2S 溶液。观察沉淀的生成和颜色。

将沉淀离心分离、洗涤，然后将每种沉淀分成四份：一份加入 $2mol·L^{-1}$ 盐酸，一份加入浓盐酸，另一份加浓硝酸，再一份加入王水（自配），分别水浴加热。观察沉淀溶解情况。

将上述实验结果填入表 14-1 中，根据实验现象并查阅有关数据，对铜、银、锌、镉、汞硫化物的溶解情况作出结论，并写出有关反应方程式。

3. 铜、银、锌、汞的配合物

(1) 氨合物的生成

往四支分别盛有 0.5mL 0.2mol·L^{-1} CuSO$_4$、AgNO$_3$、ZnSO$_4$、HgCl$_2$ 溶液的试管中滴加 2mol·L^{-1} 氨水。观察沉淀的生成，继续加入过量的 2mol·L^{-1} 氨水，又有何现象发生？写出有关反应方程式。

比较 Cu^{2+}、Ag$^+$、Zn^{2+}、Hg^{2+} 与氨水反应有什么不同。

(2) 汞配合物的生成和应用

① 往盛有 0.5mL 0.2mol·L^{-1} Hg(NO$_3$)$_2$ 溶液中，滴加 0.2mol·L^{-1} KI 溶液，观察沉淀的生成和颜色。再往该沉淀中加入少量碘化钾固体（直至沉淀刚好溶解为止，不要过量），溶液显何色？写出反应方程式。

在所得的溶液中，滴入几滴 40% NaOH 溶液，再与氨水反应，观察沉淀的颜色。写出反应式方程式。此反应可检验 NH$_4^+$ 的存在。

② 往 5 滴 0.2mol·L^{-1} Hg(NO$_3$)$_2$ 溶液中，逐滴加入 0.1mol·L^{-1} KSCN 溶液，最初生成白色 Hg(SCN)$_2$ 沉淀，继续滴加 KSCN 溶液，沉淀溶解生成无色 [Hg(SCN)$_4$]$^{2-}$ 配离子。再在该溶液中加入几滴 0.2mol·L^{-1} ZnSO$_4$，并用玻璃棒摩擦试管内壁，观察白色 Zn[Hg(SCN)$_4$] 沉淀的生成（该反应可用于定性检验 Zn^{2+}）。

表 14-1 硫化物的生成和溶解

硫化物 \ 性质	颜 色	溶解性				K_{sp}
		2mol·L^{-1}盐酸	浓盐酸	浓硝酸	王水	
CuS						
Ag$_2$S						
ZnS						
CdS						
HgS						

4. 铜、银、汞的氧化还原性

(1) 氧化亚铜的生成和性质

取 0.5mL 0.2mol·L^{-1} CuSO$_4$ 溶液，滴加过量的 6mol·L^{-1} NaOH 溶液，使起初生成的蓝色沉淀溶解成深蓝色溶液。然后在溶液中加入 1mL 10% 葡萄糖溶液，混合后微热，有黄色沉淀产生进而变成红色沉淀。写出有关反应方程式。

将沉淀离心分离，洗涤，然后沉淀分成两份：一份沉淀与 1mL 2mol·L^{-1} H$_2$SO$_4$ 作用，静置一会，注意沉淀的变化。然后加热至沸，观察有何现象。另一份沉淀中加入 1mL 浓氨水，振荡后，静置一段时间，观察溶液的颜色。放置一段时间后，溶液为什么会变成深蓝色？

(2) 氯化亚铜的生成和性质

取 10mL 0.5mol·L^{-1} CuCl$_2$ 溶液，加入 3mL 浓盐酸和少量铜屑，加热沸腾至其中液体呈深棕色（绿色完全消失）。取几滴上述溶液加入 10mL 蒸馏水中，如有白色沉淀产生，则迅速把全部溶液倾入 100mL 蒸馏水中，将白色沉淀洗涤至无蓝色为止。

取少许沉淀分成两份：一份与 3mL 浓氨水作用，观察有何变化。另一份与 3mL 浓盐酸作用，观察又有何变化。

相关反应式：

$$CuCl_2 + 2HCl(浓) + Cu \xrightarrow{\triangle} 2H[CuCl_2]$$
$$\text{（深棕）}$$

$$[CuCl_2]^- \xrightarrow{H_2O} CuCl\downarrow + Cl^-$$
$$\text{（深棕）} \qquad \text{（白）}$$

(3) 碘化亚铜的生成和性质

在盛有 0.5mL 0.2mol·L^{-1} CuSO$_4$ 溶液的试管中，边滴加 0.2mol·L^{-1} KI 溶液边振荡，溶液变为棕黄色（CuI 为白色沉淀，I$_2$ 溶于 KI 呈黄色）。再滴加适量 0.5mol·L^{-1} Na$_2$S$_2$O$_3$ 溶液，以除去反应中生成的碘。观察产物的颜色和状态，写出反应式。

(4) 银镜反应

在 1 支干净的试管（先用稀 HNO$_3$ 洗净）中加入 1mL 0.1mol·L^{-1} AgNO$_3$ 溶液，滴加 2mol·L^{-1} NH$_3$·H$_2$O 溶液至生成的沉淀刚好溶解，加 2mL 10％的葡萄糖溶液，放在水浴锅中加热片刻，观察现象。然后倒掉溶液，加 2mol·L^{-1} HNO$_3$ 溶液使银溶解。写出有关的方程式。

(5) 汞(Ⅱ)与汞(Ⅰ)的相互转化

① Hg^{2+} 的氧化性。在 5 滴 0.2mol·L^{-1} Hg(NO$_3$)$_2$ 溶液中，逐滴加入 0.2mol·L^{-1} SnCl$_2$ 溶液（由适量→过量）。观察现象，写出反应方程式。

② Hg^{2+} 转化为 Hg$_2^{2+}$（Ⅰ）以及 Hg$_2^{2+}$（Ⅱ）的歧化分解。在 0.5mL 0.2mol·L^{-1} Hg(NO$_3$)$_2$ 溶液中，滴入 1 滴金属汞，充分振荡。用滴管把清液转入两支试管中（余下的汞要回收），在一支试管中加入 0.2mol·L^{-1} NaCl，另一试管中滴入 2mol·L^{-1} 氨水，观察现象，写出反应式。

思考题

1. 在白色氯化亚铜沉淀中加入浓氨水或浓盐酸后形成什么颜色溶液？放置一段时间后会变成蓝色溶液，为什么？

2. 实验步骤 4(3) 碘化亚铜的生成和性质实验中，加入硫代硫酸钠是为了和溶液中产生的碘作用，而便于观察碘化亚铜白色沉淀的颜色，但若硫代硫酸钠过量，则看不到白色沉淀，为什么？

3. 使用汞时应注意什么？为什么汞要用水封存？

4. 现有三瓶遗失标签的硝酸汞、硝酸亚汞和硝酸银溶液。至少用两种方法鉴别之。

5. AgNO$_3$ 溶液与 NaOH 溶液反应，生成的沉淀为什么不是 AgOH？

实验十五 d区元素

一、实验目的

1. 掌握铬、锰、铁、钴、镍主要氧化态的化合物的重要性质及各氧化态之间相互转化的条件。
2. 试验并掌握铁、钴、镍配合物的生成及性质。

二、仪器、试剂及材料

仪器：离心机，试管，离心试管，酒精灯。

试剂及材料：H_2SO_4（浓、6mol·L^{-1}、1mol·L^{-1}），HCl（浓、2mol·L^{-1}），H_2S（饱和），H_2O_2（3%），NaOH（6mol·L^{-1}、2mol·L^{-1}、0.2mol·L^{-1}），$NH_3·H_2O$（浓、6mol·L^{-1}、2mol·L^{-1}），$K_2Cr_2O_7$（0.1mol·L^{-1}），K_2CrO_4（0.1mol·L^{-1}），$AgNO_3$（0.1mol·L^{-1}），$Pb(NO_3)_2$（0.1mol·L^{-1}），$FeSO_4$（0.5mol·L^{-1}），$MnSO_4$（0.2mol·L^{-1}、0.5mol·L^{-1}），$NiSO_4$（0.1mol·L^{-1}），$K_2SO_4·Cr_2(SO_4)_3·24H_2O$（0.2mol·$L^{-1}$），$(NH_4)_2Fe(SO_4)_2$（0.1mol·$L^{-1}$），$FeCl_3$（0.2mol·$L^{-1}$），$BaCl_2$（0.1mol·$L^{-1}$），$CoCl_2$（0.1mol·$L^{-1}$），$NH_4Cl$（2mol·$L^{-1}$），KI（0.5mol·$L^{-1}$），$KMnO_4$（0.1mol·$L^{-1}$），NaClO（稀），$Na_2S$（0.1mol·$L^{-1}$、0.5mol·$L^{-1}$），$Na_2SO_3$（0.1mol·$L^{-1}$），$K_4[Fe(CN)_6]$（0.5mol·$L^{-1}$），KSCN（0.5mol·$L^{-1}$），二氧化锰，亚硫酸钠，硫氰酸钾，氯水，碘水，四氯化碳，戊醇，碘化钾淀粉试纸。

三、实验内容

1. 铬的化合物的重要性质

(1) 铬(Ⅵ)的氧化性

$Cr_2O_7^{2-}$ 转变为 Cr^{3+}。在约 2mL 0.1mol·L^{-1} $K_2Cr_2O_7$ 溶液中，加入少量所选择的还原剂，观察溶液颜色的变化（如果现象不明显，该怎么办？），写出反应方程式[保留溶液供下面实验（3）用]。

(2) 铬(Ⅵ)的缩合平衡

$Cr_2O_7^{2-}$ 与 CrO_4^{2-} 的相互转化。取 1mL 0.1mol·L^{-1} $K_2Cr_2O_7$ 溶液逐滴加入 2mol·L^{-1} NaOH 溶液，使 $Cr_2O_7^{2-}$ 转变为 CrO_4^{2-}，再在上述 CrO_4^{2-} 溶液中逐滴加入 1mol·L^{-1} H_2SO_4 溶液，使 CrO_4^{2-} 转变为 $Cr_2O_7^{2-}$，观察溶液颜色的变化。

(3) 氢氧化铬(Ⅲ)的两性

在实验(1)所保留的 Cr^{3+} 溶液中，逐滴加入 6mol·L^{-1} NaOH 溶液，观察沉淀物的颜色，写出反应方程式。

将所得沉淀分成两份，分别试验与酸、碱的反应，观察溶液的颜色，写出反应方程式。

(4) 铬(Ⅲ)的还原性

CrO_2^- 转变为 CrO_4^{2-}。在实验(3)得到的 CrO_2^- 溶液中，加入少量所选择的氧化剂，水浴加热，观察溶液颜色的变化，写出反应方程式。

分别在 $Cr_2O_7^{2-}$ 和 CrO_4^{2-} 溶液中，各加入少量 $Pb(NO_3)_2$、$BaCl_2$ 和 $AgNO_3$，观察产物的颜色和状态，比较并解释实验结果，写出反应方程式。

2. 锰的化合物的重要性质

(1) 氢氧化锰(Ⅱ)的生成和性质

将 2mL 0.2mol·L^{-1} $MnSO_4$ 溶液分成以下四份。

第一份：滴加 0.2mol·L^{-1} NaOH 溶液，观察沉淀的颜色。振荡试管，有何变化？

第二份：滴加 0.2mol·L^{-1} NaOH 溶液，产生沉淀后加入过量的 NaOH 溶液，沉淀是否溶解？

第三份：滴加 0.2mol·L^{-1} NaOH 溶液，迅速加入 2mol·L^{-1} 盐酸溶液，有何现象发生？

第四份：滴加 0.2mol·L^{-1} NaOH 溶液，迅速加入 2mol·L^{-1} NH_4Cl 溶液，沉淀是否溶解？

写出上述有关反应方程式。此实验说明 $Mn(OH)_2$ 具有哪些性质？

(2) Mn^{2+} 的氧化

取 3 支试管各加 0.5mL 0.2mol·L^{-1} $MnSO_4$ 溶液，分别加入 5～6 滴 1mol·L^{-1} H_2SO_4 溶液、0.2mol·L^{-1} NaOH 溶液和蒸馏水，再在各试管中滴加 NaClO（稀）10 滴，观察各试管内所发生的变化，比较 Mn^{2+} 在何介质中易氧化，写出有关反应方程式。

(3) 二氧化锰的生成和氧化性

往盛有少量 0.1mol·L^{-1} $KMnO_4$ 溶液中，逐滴加入 0.5mol·L^{-1} $MnSO_4$ 溶液，观察沉淀的颜色。往沉淀中加入 1mol·L^{-1} H_2SO_4 溶液和 0.1mol·L^{-1} Na_2SO_3 溶液，沉淀是否溶解？写出有关反应方程式。

(4) 高锰酸钾的性质

取 3 支试管各加入 0.5mL 0.1mol·L^{-1} $KMnO_4$ 溶液，分别加入 5～6 滴 1mol·L^{-1} H_2SO_4 溶液、6mol·L^{-1} NaOH 溶液和蒸馏水，再在各试管中滴加 0.1mol·L^{-1} Na_2SO_3 溶液 10 滴，观察各试管内所发生的变化，比较它们的产物因介质不同有何不同？写出反应式。

3. 铁(Ⅱ)、钴(Ⅱ)、镍(Ⅱ) 化合物的还原性

(1) 铁(Ⅱ) 的还原性

① 酸性介质　往盛有 0.5mL 氯水的试管中加入 3 滴 6mol·L^{-1} H_2SO_4 溶液，然后滴加 $(NH_4)_2Fe(SO_4)_2$ 溶液，观察现象，写出反应式（如现象不明显，可滴加 1 滴 KSCN 溶液，出现红色，证明有 Fe^{3+} 生成）。

② 碱性介质　在一试管中加入 2mL 蒸馏水和 3 滴 6mol·L^{-1} H_2SO_4 溶液煮沸，以赶尽溶于其中的空气，然后溶入少量硫酸亚铁铵晶体。在另一试管中加入 3mL 6mol·L^{-1} NaOH 溶液煮沸，冷却后，用一长滴管吸取 NaOH 溶液，插入 $(NH_4)_2Fe(SO_4)_2$ 溶液（直至试管底部），慢慢挤出滴管中的 NaOH 溶液，观察产物颜色和状态。振荡后放置一段时间，观察又有何变化，写出反应方程式。产物留作下面实验用。

(2) 钴(Ⅱ) 的还原性

① 往盛有 0.5mL 0.1mol·L^{-1} $CoCl_2$ 溶液的试管中滴加氯水，观察有何变化。

② 往盛有 1mL $CoCl_2$ 溶液的试管中滴入 2mol·L^{-1} NaOH 溶液，观察沉淀的生成。所得沉淀分成两份，一份置于空气中，一份加入新配制的氯水，观察有何变化，第二份留作下

面实验用。

(3) 镍(Ⅱ)的还原性

用 0.1mol·L^{-1} NiSO$_4$ 溶液按（2）的实验方法操作，观察现象，第二份沉淀留作下面实验用。

根据实验结果比较 Fe(Ⅱ)、Co(Ⅱ)、Ni(Ⅱ) 还原性差异。

4. 铁(Ⅲ)、钴(Ⅲ)、镍(Ⅲ) 的化合物的氧化性

① 在前面实验中保留下来的氢氧化铁(Ⅲ)、氢氧化钴(Ⅲ) 和氢氧化镍(Ⅲ) 沉淀均加入浓盐酸，振荡后各有何变化，并用碘化钾淀粉试纸检验所放出的气体。检查反应物是否有氯气生成？写出反应式。

② 在上述制得的 FeCl$_3$ 溶液中加入数滴 0.5mol·L^{-1} KI 溶液，再加入 0.5mL CCl$_4$，振荡后观察现象，写出反应方程式。

根据实验结果比较 Fe(Ⅲ)、Co(Ⅲ)、Ni(Ⅲ) 氧化性差异。

5. 配合物的生成

(1) 铁的配合物

① 往盛有 1mL 0.5mol·L^{-1} K$_4$[Fe(CN)$_6$] 溶液的试管中，加入约 0.5mL 的碘水，摇动试管后，滴入数滴 0.1mol·L^{-1} (NH$_4$)$_2$Fe(SO$_4$)$_2$ 溶液，有何现象发生？此为 Fe^{2+} 的鉴定反应。

② 向盛有 1mL 新配制的 (NH$_4$)$_2$Fe(SO$_4$)$_2$ 溶液的试管中加入碘水，摇动试管后，将溶液分成两份，各滴入数滴 KSCN 溶液，然后向其中一支试管中注入约 0.5mL 3％ H$_2$O$_2$ 溶液，观察现象。此为 Fe^{3+} 的鉴定反应。

③ 往 0.5mL 0.2mol·L^{-1} FeCl$_3$ 溶液中加入几滴 K$_4$[Fe(CN)$_6$] 溶液，观察现象，写出反应方程式。这也是鉴定 Fe^{3+} 的一种常用方法。

④ 往盛有 0.5mL 0.2mol·L^{-1} FeCl$_3$ 的试管中，滴入浓氨水直至过量，观察沉淀是否溶解。

(2) 钴的配合物

① 往盛有 1mL CoCl$_2$ 溶液的试管里加入少量硫氰酸钾固体，观察固体周围的颜色。再加入 0.5mL 戊醇，振荡后，观察水相和有机相的颜色，这个反应可用来鉴定 Co^{2+}。

② 往 0.5mL CoCl$_2$ 溶液中滴加浓氨水，至生成的沉淀刚好溶解为止，静置一段时间后，观察溶液的颜色有何变化。

(3) 镍的配合物

往盛有 2mL 0.1mol·L^{-1} NiSO$_4$ 溶液中加入过量 6mol·L^{-1} 氨水，观察现象。静置片刻，再观察现象，写出离子反应方程式。把溶液分成四份：一份加入 2mol·L^{-1} NaOH 溶液，一份加入 1mol·L^{-1} H$_2$SO$_4$ 溶液，一份加水稀释，一份煮沸，观察有何变化。

往 0.5mL 0.1mol·L^{-1} NiSO$_4$ 溶液中滴加 2mol·L^{-1} NH$_3$·H$_2$O 至呈弱碱性，再加入 1 滴 1％丁二酮肟溶液，观察现象。该反应可用来鉴定 Ni^{2+}。

思考题

1. 试总结 Cr$_2$O$_7^{2-}$ 和 CrO$_4^{2-}$ 相互转化的条件及它们形成相应盐的溶解性大小。

2. 试从配合物的生成对电极电势的改变来解释为什么 Fe(CN)$_6^{4-}$ 能把 I$_2$ 还原成 I$^-$，而 Fe^{2+} 则不能。

3. 在实验操作过程中，应从哪几个方面把握氧化剂和还原剂的相对用量？

4. 在碱性介质中，氯水能把二价钴氧化成三价钴，而在酸性介质中，三价钴能把氯离子氧化成氯气，二者有无矛盾？为什么？

5. 请分析用 Na_2SO_3、$(NH_4)_2Fe(SO_4)_2$、KI、Na_2S、H_2S 作为检验 $K_2Cr_2O_7$ 氧化性的还原剂，选用哪种更好？理由是什么？

实验十六　常见阳离子的分离与鉴定（Ⅰ）

一、实验目的

1. 进一步巩固和掌握常见阳离子的有关基本性质。
2. 了解并掌握常见阳离子的一些重要的鉴定方法。
3. 了解混合阳离子的系统分离方法。
4. 学习运用硫化氢系统分离法对 Ag^+、Hg^{2+}、Pb^{2+}、Cu^{2+} 和 Fe^{3+} 混合离子进行分离与鉴定。

二、实验原理

离子的分离和鉴定是以各离子对试剂的不同反应为依据的。反应过程常伴随有特殊的现象，如沉淀的生成或溶解、特殊颜色的出现、气体的产生等。因此，掌握离子的基本性质是进行离子分离和鉴定的基础。利用离子与不同试剂反应性能的差异才能有效地对离子进行分离和鉴定。以下给出几种常见混合离子体系的反应性能差异。

1. 与 HCl 溶液反应

$$\left. \begin{array}{l} Ag^+ \\ Hg_2^{2+} \\ Pb^{2+} \end{array} \right\} \xrightarrow{HCl} \left\{ \begin{array}{l} AgCl \downarrow \text{白色，溶于浓氨水} \\ Hg_2Cl_2 \downarrow \text{白色，溶于浓 } HNO_3 \text{ 及 } H_2SO_4 \\ PbCl_2 \downarrow \text{白色，溶于热水、} NH_4Ac\text{、}NaOH \end{array} \right.$$

2. 与 H_2SO_4 溶液反应

$$\left. \begin{array}{l} Ba^{2+} \\ Sr^{2+} \\ Ca^{2+} \\ Pb^{2+} \\ Ag^+ \end{array} \right\} \xrightarrow{H_2SO_4} \left\{ \begin{array}{l} BaSO_4 \downarrow \text{白色，难溶于酸} \\ SrSO_4 \downarrow \text{白色，溶于煮沸的酸} \\ CaSO_4 \downarrow \text{白色，溶解度较大，当 } Ca^{2+} \text{ 浓度很大时才析出} \\ PbSO_4 \downarrow \text{白色，溶于 } NaOH\text{、}NH_4Ac\text{（饱和）、热 } HCl\text{、浓 } H_2SO_4\text{，不溶于稀 } H_2SO_4 \\ Ag_2SO_4 \downarrow \text{白色，在浓溶液中产生沉淀，溶于热水} \end{array} \right.$$

3. 与 NH_3 溶液反应

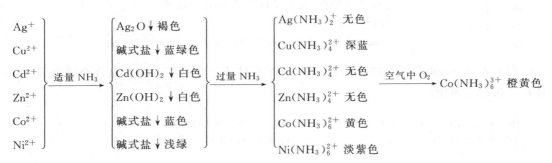

4. 与 NaOH 溶液反应

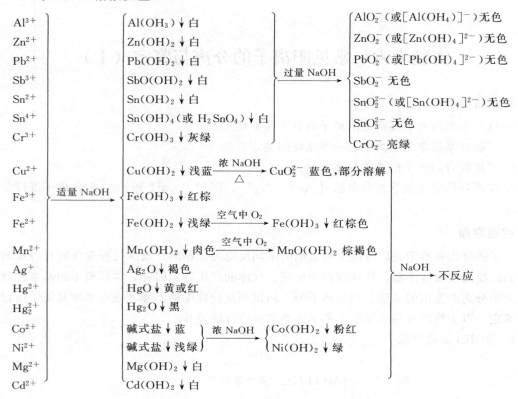

5. 与 H_2S 或 $(NH_4)_2S$ 反应

（1）在 $0.3mol \cdot L^{-1}$ HCl 溶液中通入 H_2S 气体生成沉淀的离子。

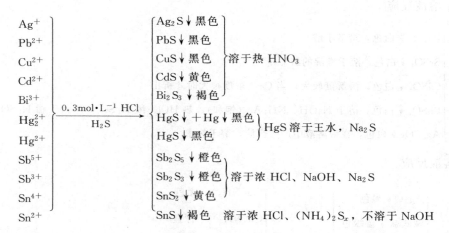

（2）在 $0.3mol \cdot L^{-1}$ HCl 溶液中通入 H_2S 气体不产生沉淀，但在氨性介质通入 H_2S 气体产生沉淀的离子。

Zn^{2+} $\}$ $\begin{matrix}NH_4Cl\\ NH_3 \cdot H_2O\\ H_2S\end{matrix}$ $\{\begin{matrix}ZnS\downarrow 白色，溶于稀 HCl 溶液，不溶于 HAc 溶液\\ Al(OH)_3\downarrow 白色，溶于强碱及稀 HCl 溶液\end{matrix}$

6. 与 $(NH_4)_2CO_3$ 溶液反应

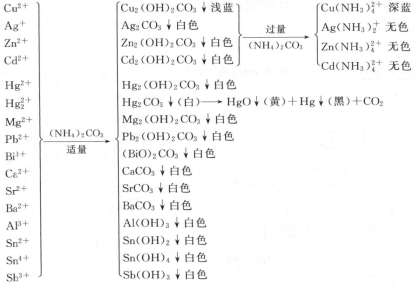

在实际应用中得到的大都是含有多个物质的混合体系。混合离子溶液中各组分若对鉴定不产生干扰，可以利用特效反应直接鉴定某种离子。若共存的其他组分彼此干扰，就必须选择适当的方法消除干扰。通常采用掩蔽剂消除干扰，这是一种比较简单、有效的方法。但在很多情况下，没有合适的掩蔽剂，就需要将干扰组分彼此分离。沉淀分离法是最经典的分离方法。一般对多种离子的混合体系（除个别离子外）均需按一定的先后顺序将试液中的离子进行分离后再鉴定。一般采用几种试剂将试液中性质相似的离子先分成若干组，然后在每一组中，用适宜方法进行鉴定。

目前对混合的阳离子体系，常用的系统分离有两酸两碱系统和硫化氢系统分离两种。采用哪种方法，需视可能存在的离子而定，下面分别介绍两酸两碱系统和硫化氢系统的分离。

（1）两酸两碱系统分离法

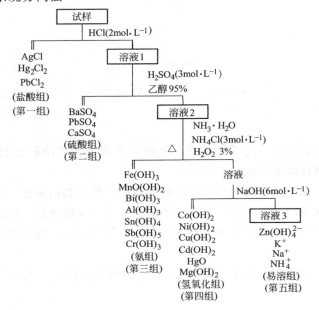

两酸两碱系统操作比较简单，使用的试剂主要是常用的两酸（HCl、H_2SO_4）和两碱（NaOH、$NH_3 \cdot H_2O$），污染也比较小。但系统性不强。

(2) 硫化氢系统分离法

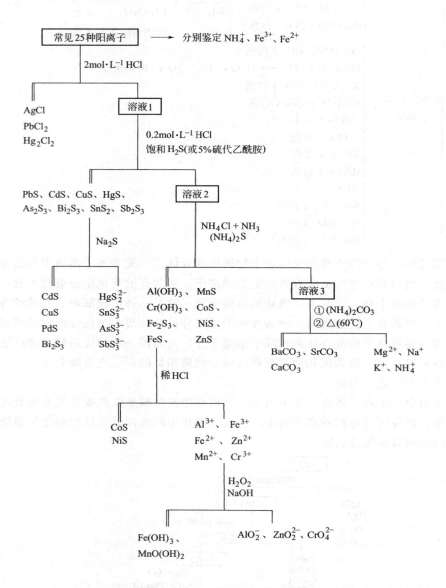

硫化氢系统分离法的优点是系统性强，但操作步骤繁杂，特别是 H_2S 气体有毒，所以在实际应用中往往视具体混合离子而同时使用。

在实际检验中，离子的分离和检出受溶液的酸度、反应物的浓度、反应温度等的条件影响很大。为使反应向期望的方向进行，就必须选择适当的反应条件。因此，除了要熟悉离子的有关性质外，还要学会用离子平衡（酸碱、沉淀、氧化还原、配合等平衡）的规律控制反应条件。

本次实验学习运用硫化氢系统分离法对 Ag^+、Hg^{2+}、Pb^{2+}、Cu^{2+} 和 Fe^{3+} 混合离子体系进行分离和鉴定。

实验十六 常见阳离子的分离与鉴定（Ⅰ）

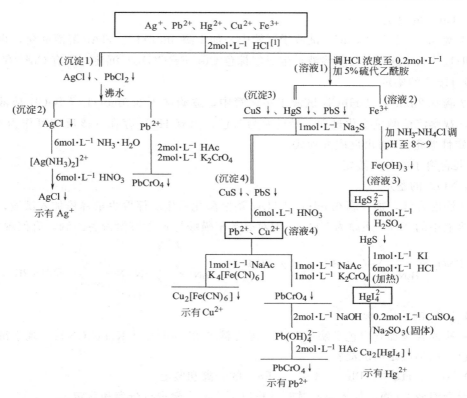

三、仪器、试剂及材料

仪器：离心机，酒精灯，离心试管，试管，黑、白色点滴板各一块。

试剂及材料：Ag^+、Hg^{2+}、Pb^{2+}、Cu^{2+}、Fe^{3+} 硝酸盐混合溶液（其浓度均为10g·mL^{-1}）、H_2SO_4（6mol·L^{-1}），HNO_3（浓、6mol·L^{-1}），HCl（2mol·L^{-1}、6mol·L^{-1}），HAc（6mol·L^{-1}、2mol·L^{-1}），NaOH（2mol·L^{-1}），$NH_3·H_2O$（6mol·L^{-1}），$CuCl_2$（0.5mol·L^{-1}），$HgCl_2$（0.2mol·L^{-1}），$SnCl_2$（0.5mol·L^{-1}），$AgNO_3$（0.1mol·L^{-1}），$Pb(NO_3)_2$（0.5mol·L^{-1}），K_2CrO_4（2mol·L^{-1}、1mol·L^{-1}），NH_4Cl（饱和），Na_2S（1mol·L^{-1}），NaAc（1mol·L^{-1}），$K_4[Fe(CN)_6]$（0.25mol·L^{-1}），KI（1mol·L^{-1}），$CuSO_4$（0.2mol·L^{-1}），硫代乙酰胺（5%），对氨基苯磺酸溶液，α-萘胺溶液，H_2S（饱和），锌粉，Na_2CO_3，pH试纸。

四、实验内容

1. 单一离子鉴定

（1）Ag^+ 的鉴定

取5滴0.1mol·L^{-1} $AgNO_3$ 试液于试管中，加5滴2mol·L^{-1}盐酸，产生白色沉淀。离心分离后，在沉淀中滴加6mol·L^{-1}氨水至沉淀完全溶解。此溶液再用6mol·L^{-1} HNO_3 溶液酸化，生成白色沉淀，示有 Ag^+ 存在。写出相应的反应方程式。

（2）Pb^{2+} 的鉴定

取5滴0.5mol·L^{-1} $Pb(NO_3)_2$ 试液于试管中，加2滴1mol·L^{-1} K_2CrO_4 溶液，如有黄色沉淀生成，在沉淀上滴加数滴2mol·L^{-1} NaOH溶液，沉淀溶解，示有 Pb^{2+} 存在。写出反应方程式。

(3) Cu^{2+} 的鉴定

取 1 滴 $0.5mol·L^{-1}$ $CuCl_2$ 试液于试管中,加 1 滴 $6mol·L^{-1}$ HAc 溶液酸化,再加 1 滴 $0.25mol·L^{-1}$ $K_4[Fe(CN)_6]$ 溶液,生成红棕色 $Cu_2[Fe(CN)_6]$ 沉淀,示有 Cu^{2+} 存在。

(4) Hg^{2+} 的鉴定

取 2 滴 $0.2mol·L^{-1}$ $HgCl_2$ 试液于小试管中,逐滴加入 $0.5mol·L^{-1}$ $SnCl_2$ 溶液,边加边振荡,观察沉淀颜色变化过程,最后变为灰色,示有 Hg^{2+} 存在(该反应可作为 Hg^{2+} 或 Sn^{2+} 的定性鉴定)。写出反应方程式。

2. 混合离子的分离鉴定

(1) NO_3^- 的鉴定

取 3 滴混合液,加 3 滴 $6mol·L^{-1}$ HAc 溶液酸化后用玻棒取少量锌粉加入试液,搅拌均匀,使溶液中的 NO_3^- 还原为 NO_2^-。加对氨基苯磺酸与 α-萘胺溶液各一滴,有何现象?

$$HNO_2 + H_2N\text{-}C_{10}H_6\text{-}NH_2 + H_2N\text{-}C_6H_4\text{-}SO_3H \longrightarrow H_2N\text{-}C_{10}H_6\text{-}N=N\text{-}C_6H_4\text{-}SO_3H + 2H_2O$$
红色

(2) Fe^{3+} 的鉴定

取一滴混合液加到白色点滴板凹穴,加 1 滴 $0.25mol·L^{-1}$ $K_4Fe(CN)_6$。观察沉淀的生成和颜色,该物质是何沉淀?

(3) Ag^+、Hg^{2+}、Pb^{2+}、Cu^{2+}、Fe^{3+} 的分离和鉴定

取混合溶液 20 滴,放入离心试管并按以下实验步骤进行分离和鉴定。

① Ag^+、Pb^{2+} 和 Cu^{2+}、Hg^{2+}、Fe^{3+} 的分离 在混合液中滴加 4 滴 $2mol·L^{-1}$ HCl,充分振动,静置片刻,离心沉降,向上层清液中滴加 $2mol·L^{-1}$ HCl 溶液以检查沉淀是否完全。吸出上层清液,编号溶液 1。用 $2mol·L^{-1}$ HCl 溶液洗涤沉淀,编号沉淀 1。观察沉淀的生成和颜色,写出反应方程式。

② Ag^+ 与 Pb^{2+} 的分离和鉴定 向沉淀 1 中加 6 滴水,在沸水浴中加热 3min 以上,并不时搅拌。待沉淀沉降后,趁热取清液三滴于点滴板上,加 $2mol·L^{-1}$ K_2CrO_4 和 $2mol·L^{-1}$ HAc 溶液各一滴,有什么现象?加 $2mol·L^{-1}$ NaOH 溶液后又怎样?再加 $6mol·L^{-1}$ HAc 溶液又如何?取清液后所余沉淀离心分离后得到沉淀 2。

在沉淀 2 中滴加 $6mol·L^{-1}$ 氨水,观察沉淀的溶解和溶液的颜色。再滴加 $6mol·L^{-1}$ HNO_3,观察沉淀的生成和颜色,写出反应方程式。

③ Pb^{2+}、Cu^{2+}、Hg^{2+} 与 Fe^{3+} 的分离和 Fe^{3+} 的鉴定 用 $6mol·L^{-1}$ 氨水将溶液 1 的酸度调至中性(加氨水约 3~4 滴),再加入体积约为此时溶液十分之一的 $2mol·L^{-1}$ HCl(约 3~4 滴),将溶液的酸度调至 pH≈1。加 15 滴 5%硫代乙酰胺(CH_3CSNH_2)[2],混匀后水浴加热 15min。然后稀释一倍再加热数分钟。静置冷却,离心沉降。向上层清液中加新制 H_2S 或 5%硫代乙酰胺溶液检查沉淀是否完全。沉淀完全后离心分离,用饱和 NH_4Cl 溶液洗涤沉淀,得沉淀 3,所得溶液为溶液 2。在溶液 2 中滴加 $6mol·L^{-1}$ 氨水。观察沉淀的生成和颜色,写出反应方程式。判断溶液 2 所含离子。

④ Pb^{2+}、Cu^{2+} 与 Hg^{2+} 的分离 向沉淀 3 加 5 滴 $1mol·L^{-1}$ Na_2S 溶液,水浴加热 3min,并不时搅拌。再加 3~4 滴水,搅拌均匀后离心分离。沉淀用 Na_2S 溶液再处理一次,合并清液,编号为溶液 3,并观察溶液 3 的颜色。沉淀用饱和 NH_4Cl 溶液洗涤,并编号沉

淀 4。写出相应的反应方程式。

⑤ Pb^{2+}、Cu^{2+} 的鉴定

a. 向沉淀 4 中加入浓硝酸（约 4～5 滴），加热搅拌，使之全部溶解，离心分离弃去产物单质 S，所得溶液编号为溶液 4。取 1 滴溶液 4 于白色点滴板上，加 $1mol·L^{-1}$ NaAc 和 $0.25mol·L^{-1}$ $K_4[Fe(CN)_6]$ 各一滴，有何现象？说明有哪种离子存在？

b. 取 3 滴溶液 4 于黑色点滴板上，加一滴 $1mol·L^{-1}$ NaAc 和 $1mol·L^{-1}$ K_2CrO_4，有什么变化？如果没变化，请用玻棒摩擦。加入 $2mol·L^{-1}$ NaOH 后，再加 $6mol·L^{-1}$ HAc，有什么变化？说明有哪种离子存在？

⑥ Hg^{2+} 的鉴定　向溶液 3 中逐滴加入 $6mol·L^{-1}$ H_2SO_4，记下加入滴数。当加至 pH= 3～5 时，再多加一半滴数的 H_2SO_4。水浴加热并充分搅拌。离心分离，用少量水洗涤沉淀。向沉淀中加 5 滴 $1mol·L^{-1}$ KI 和 2 滴 $6mol·L^{-1}$ HCl 溶液，充分搅拌，加热后离心分离。再用 KI 和 HCl 重复处理沉淀。合并两次离心液，往离心液中加 2 滴 $0.2mol·L^{-1}$ $CuSO_4$ 和少许 Na_2SO_3 固体，有什么生成？说明有哪种离子存在？

附注

[1] HCl 浓度不能过大，否则会生成 $PbCl_4^{2-}$ 等。浓度也不能过小，否则其他离子（如 Bi^{3+} 等）水解；$PbCl_2$ 溶解度大，仍有部分留在溶液中。

[2] H_2S 气体的代用品一般采用硫代乙酰胺（CH_2CSNH_2）

$$CH_2CSNH_2 + 2H_2O + H^+ \xrightleftharpoons[\triangle]{} CH_3COO^- + NH_4^+ + H_2S\uparrow$$

思考题

1. HgS 的沉淀一步中为什么选用 H_2SO_4 溶液酸化而不用 HCl 溶液？
2. Pb^{2+} 的鉴定有可能现象不明显，请查阅不同温度时 $PbCl_2$ 在水中的溶解度并作出解释。
3. 在 Pb^{2+} 的鉴定中，不同阶段加 HAc、NaAc、NaOH 的作用是什么？
4. 每次洗涤沉淀所用洗涤剂都有所不同，例如洗涤 AgCl、$PbCl_2$ 沉淀用 HCl 溶液（$2mol·L^{-1}$），洗涤 PbS、HgS、CuS 沉淀用 NH_4Cl 溶液（饱和），洗涤 HgS 用蒸馏水，为什么？
5. 用 $K_4[Fe(CN)_6]$ 检出 Cu^{2+} 时，为什么要用 HAc 酸化溶液？
6. 若在检验 Cu^{2+} 的存在时，加入 $K_4[Fe(CN)_6]$ 后不是红棕色而是蓝色，问题出在哪里？

实验十七 常见阳离子的分离和鉴定（Ⅱ）

一、实验目的

1. 进一步了解常见混合阳离子的系统分离和离子鉴定方法。
2. 进一步巩固和掌握常见阳离子的有关基本性质。
3. 培养学生查阅文献资料以及简单的实验设计和综合应用知识的能力。

二、仪器、试剂及材料

仪器：离心机，离心试管，酒精灯，烧杯。

试剂及材料：$HCl(2mol\cdot L^{-1}、6mol\cdot L^{-1})$，$H_2SO_4(6mol\cdot L^{-1})$，$HNO_3(6mol\cdot L^{-1})$，$HAc(2mol\cdot L^{-1}、6mol\cdot L^{-1})$，$NaOH(6mol\cdot L^{-1})$，$NH_3\cdot H_2O(6mol\cdot L^{-1})$，$NaCl(1mol\cdot L^{-1})$，$KCl(1mol\cdot L^{-1})$，$MgCl_2(0.5mol\cdot L^{-1})$，$CaCl_2(0.5mol\cdot L^{-1})$，$BaCl_2(0.5mol\cdot L^{-1})$，$AlCl_3(0.5mol\cdot L^{-1})$，$SnCl_2(0.5mol\cdot L^{-1})$，$SbCl_3(0.1mol\cdot L^{-1})$，$HgCl_2(0.2mol\cdot L^{-1})$，$Cd(NO_3)_2(0.2mol\cdot L^{-1})$，$Bi(NO_3)_3(0.1mol\cdot L^{-1})$，$AgNO_3(0.1mol\cdot L^{-1})$，$Al(NO_3)_3(0.5mol\cdot L^{-1})$，$NaNO_3(0.5mol\cdot L^{-1})$，$Ba(NO_3)_2(0.5mol\cdot L^{-1})$，$ZnSO_4(0.2mol\cdot L^{-1})$，$Na_2S(0.5mol\cdot L^{-1})$，$K[Sb(OH)_6]$（饱和），$NaHC_4H_4O_6$（饱和），$(NH_4)_2C_2O_4$（饱和），$NaAc(2mol\cdot L^{-1})$，$K_2CrO_4(1mol\cdot L^{-1})$，$Na_2CO_3$（饱和），$(NH_4)_2[Hg(SCN)_4]$、硫脲(2.5%)，醋酸铀酰锌（饱和），镁试剂，铝试剂(0.1%)，罗丹明B溶液，苯，亚硝酸钠(s)，镍丝，pH试纸。

三、实验内容

1. 离子鉴定

（1）s区部分金属离子的鉴定

① Na^+ 鉴定

方法Ⅰ：在盛有 0.5mL $1mol\cdot L^{-1}$ NaCl 溶液的试管中，加入 0.5mL 饱和 $K[Sb(OH)_6]$ 溶液，观察白色结晶状沉淀的产生，示有 Na^+ 存在。如无沉淀的产生，可以用玻棒摩擦试管内壁，放置片刻再观察。写出反应方程式。

方法Ⅱ：醋酸铀酰锌法。取 1 滴 Na^+ 试液滴入离心管中，加 4 滴 95% 乙醇和 8 滴醋酸铀酰锌溶液，用玻棒摩擦管壁，生成淡黄色晶状沉淀，示有 Na^+ 存在。写出反应方程式。

② K^+ 的鉴定　在盛有 0.5mL $1mol\cdot L^{-1}$ KCl 溶液的试管中，加入 0.5mL 饱和 $NaHC_4H_4O_6$（酒石酸氢钠）溶液，如有白色结晶状沉淀产生，示有 K^+ 存在。如无沉淀产生，可用玻棒摩擦试管壁，再观察。写出反应方程式。

③ Mg^{2+} 的鉴定　在试管中加 2 滴 $0.5mol\cdot L^{-1}$ $MgCl_2$ 溶液，再滴加 $6mol\cdot L^{-1}$ NaOH 溶液，直到生成絮状的 $Mg(OH)_2$ 沉淀为止；然后加入 1 滴镁试剂并搅拌，有蓝色沉淀生成，示有 Mg^{2+} 存在。写出反应方程式。

$$Mg^{2+} + O_2N-\underset{}{\underset{}{\bigcirc}}-N=N-\underset{HO}{\underset{}{\bigcirc}}-OH \longrightarrow Mg(OH)_2 \text{ 沉淀吸附}$$

镁试剂(有机染料)

④ Ca^{2+} 的鉴定 取 0.5mL 0.5mol·L^{-1} $CaCl_2$ 溶液于离心试管中,再加 10 滴饱和 $(NH_4)_2C_2O_4$ 溶液,有白色沉淀产生。离心分离,弃去清液。若白色沉淀不溶于 6mol·L^{-1} HAc 溶液而溶于 2mol·L^{-1} 盐酸,示有 Ca^{2+} 存在。写出反应方程式。

⑤ Ba^{2+} 的鉴定 取 2 滴 0.5mol·L^{-1} $BaCl_2$ 溶液于试管中,加入 2mol·L^{-1} HAc 和 2mol·L^{-1} NaAc 各 2 滴,然后滴加 2 滴 1mol·L^{-1} K_2CrO_4,有黄色沉淀生成,示有 Ba^{2+} 存在。写出反应方程式。

⑥ NH_4^+ 的鉴定

a. 取几滴铵盐溶液置于一表面皿中心,在另一块小表面皿中心黏附一小块湿润的 pH 试纸,然后在铵盐溶液中滴加 6mol·L^{-1} NaOH 溶液至呈碱性,迅速将粘有 pH 试纸的表面皿盖在盛有试液的表面皿上作成"气室"。将此气室放在水浴上微热,观察 pH 试纸的变化。

b. 取 1 滴铵盐(例如 NH_4Cl)溶液于点滴板中,加入 2 滴 2mol·L^{-1} NaOH 溶液,然后再加 2 滴奈斯勒试剂($K_2[HgI_4]$),观察红棕色沉淀的生成。反应方程式为:

$$NH_4Cl + 2K_2[HgI_4] + 4KOH = \left[O\begin{matrix}Hg\\Hg\end{matrix}NH_2\right] + KCl + 7KI + 3H_2O$$

(2) p 区和 ds 区部分金属离子的鉴定

① Al^{3+} 的鉴定 取 2 滴 0.5mol·L^{-1} $AlCl_3$ 溶液于小试管中,加 2~3 滴水,2 滴 2mol·L^{-1} HAc 及 2 滴 0.1% 铝试剂(玫红三羧酸铵或茜素 S),搅拌后,水浴加热片刻,再加 1~2 滴 6mol·L^{-1} 氨水,有红色絮状沉淀产生,示有 Al^{3+} 存在。

与茜素 S 的反应如下:

茜素磺酸钠(茜素S)

② Sn^{2+} 的鉴定 取 5 滴 0.5mol·L^{-1} $SnCl_2$ 试液于试管中,逐滴加入 0.2mol·L^{-1} $HgCl_2$ 溶液,边加边振荡,若产生的沉淀由白色变为灰色,然后变为黑色,示有 Sn^{2+} 存在。写出反应方程式。

③ Sb^{3+} 的鉴定 取 5 滴 0.1mol·L^{-1} $SbCl_3$ 试液于离心试管中,加 3 滴浓盐酸及少量亚硝酸钠,将 Sb(Ⅲ) 氧化为 Sb(Ⅴ),当无气体放出时,加数滴苯及 2 滴罗丹明 B 溶液,苯层显紫色,示有 Sb^{3+} 存在。

④ Bi^{3+} 的鉴定 取 1 滴 0.1mol·L^{-1} $Bi(NO_3)_3$ 溶液试液于试管中,加 1 滴 2.5% 硫脲 (NH_2CSNH_2),微热生成鲜黄色配合物,示有 Bi^{3+} 存在。

⑤ Zn^{2+} 的鉴定 取 3 滴 0.2mol·L^{-1} $ZnSO_4$ 试液于试管中,加 2 滴 2mol·L^{-1} HAc 溶液酸化,再加入等体积 $(NH_4)_2[Hg(SCN)_4]$(硫氰汞铵)溶液,摩擦试管壁,生成白色沉淀,示有 Zn^{2+} 存在。写出反应方程式。

⑥ Cd^{2+} 的鉴定 取 3 滴 0.2mol·L^{-1} $Cd(NO_3)_2$ 试液于小试管中,加入 2 滴 0.5mol·L^{-1} Na_2S 溶液,生成亮黄色沉淀,示有 Cd^{2+} 存在。

2. 部分混合离子的分离和鉴定

取 Ag^+ 试液 2 滴和 Cd^{2+}、Al^{3+}、Ba^{2+}、Na^+ 试液各 5 滴,加到离心试管中,混合均匀后,自行设计方案(建议采用两酸两碱法)进行分离并鉴定,写出流程图和具体实验步骤(包括具体物质、浓度、用量)及有关的反应方程式。

附注

1. 混合离子由相应的硝酸盐溶液配制。
2. 在一般情况下,为了沉淀完全,加入的沉淀剂只需比理论计量过量 20%～50%。沉淀剂过量太多,会引起较强盐效应、配合物生成等副作用,反而增大沉淀的溶解度。
3. 混合离子分离过程中,为使沉淀更快沉降需要加热,加热方法最好采用水浴加热。
4. 获得的沉淀用少量带有沉淀剂的稀溶液或去离子水洗涤 1～2 次。
5. 玫红三羧酸铵(另一种铝试剂)和罗丹明 B 的结构如下:

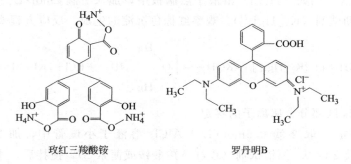

玫红三羧酸铵　　　　　　罗丹明 B

思考题

1. 洗涤 AgCl 沉淀时,常用稀盐酸洗涤,HCl 的作用是什么?
2. 在未知溶液分析中,当由碳酸盐制取铬酸盐沉淀时,为什么必须用醋酸溶液去溶解碳酸盐沉淀,而不用强酸如盐酸去溶解?
3. 为什么沉淀要用少量带有沉淀剂的稀溶液或去离子水洗涤 1～2 次?
4. 对实验中混合离子若用硫化氢进行系统分离,写出相应的分离步骤,并说明两者各自的特点。
5. 鉴定时有时需要摩擦试管内壁,其作用是什么?

实验十八 硫酸铝钾大晶体的制备

一、实验目的

1. 掌握从废弃铝箔制备硫酸铝钾复盐的原理和方法。
2. 掌握从水溶液中培养大晶体的方法，制备硫酸铝钾大晶体。
3. 培养学生树立环保意识，循环使用废弃物。

二、实验原理

本实验利用废弃金属铝溶于氢氧化钠溶液，生成可溶性的四羟基铝酸钠：

$$2Al + 2NaOH + 6H_2O = 2NaAl(OH)_4 + 3H_2$$

金属铝中其他杂质则不溶，随后用 H_2SO_4 调节此溶液至合适的 pH 值，即有 $Al(OH)_3$ 沉淀产生，分离后在沉淀中加入 H_2SO_4 至使 $Al(OH)_3$ 转化为 $Al_2(SO_4)_3$：

$$2Al(OH)_3 + 3H_2SO_4 = Al_2(SO_4)_3 + 6H_2O$$

在 $Al_2(SO_4)_3$ 溶液中加入适量的 K_2SO_4，即可制得硫酸铝钾。

$$Al_2(SO_4)_3 + K_2SO_4 + 24H_2O = 2KAl(SO_4)_2 \cdot 12H_2O$$

再从制备的硫酸铝钾中找到理想的籽晶，培养出大晶体。

三、仪器、试剂和材料

仪器：烧杯，布氏漏斗，抽滤瓶，蒸发皿。

试剂及材料：废弃金属铝，NaOH(s)，K_2SO_4(s)，H_2SO_4($6mol \cdot L^{-1}$)，细尼龙绳等。

四、实验内容

1. 查文献资料，阐述废弃的铝制品对环境和人体的危害。
2. 根据复盐的性质，从废弃铝箔中制备约 25g 硫酸铝钾。
3. 用自制的硫酸铝钾制备硫酸铝钾大晶体。

五、提示

1. 根据原料和硫酸铝钾的溶解度与温度之间的关系，计算出制备大约 25g 硫酸铝钾所需各种原料的用量。

$$K_2SO_4 + Al_2(SO_4)_3 \cdot 18H_2O = 2KAl(SO_4)_2 + 18H_2O$$

2. 从水溶液中培养某种盐的大晶体，一般可先制得籽晶（较透明的八面体小晶体），然后把籽晶植入饱和溶液中培养。籽晶的生长受溶液的饱和度、温度、湿度及时间等因素影响，必须控制好一定条件，使饱和溶液缓慢蒸发，才能获得大晶体。

3. K_2SO_4、$Al_2(SO_4)_3 \cdot 18H_2O$ 与 $KAl(SO_4)_2 \cdot 12H_2O$ 在不同温度下的溶解度列于表 18-1。

表 18-1　K_2SO_4、$Al_2(SO_4)_3 \cdot 18H_2O$ 与 $KAl(SO_4)_2 \cdot 12H_2O$ 的溶解度　　单位：g/100g 水

物质 \ 温度/℃	0	10	20	30	40	50	60	70	80	90	100
K_2SO_4	7.35	9.22	11.11	12.97	14.76	16.56	18.17	19.75	21.4	22.4	24.1
$Al_2(SO_4)_3 \cdot 18H_2O$	31.2	33.5	36.4	40.4	45.7	52.2	59.2	66.2	73.1	86.8	89.0
$KAl(SO_4)_2 \cdot 12H_2O$	3.0	4.0	5.9	8.4	11.7	17.0	24.8	40.0	71.0	109.0	154.0

第二部分 实验

思考题

1. 铝屑中的杂质如何除去？
2. 如何把籽晶植入饱和溶液？
3. 若在饱和溶液中，籽晶长出一些小晶体或烧杯底部出现少量晶体时，对大晶体的培养有何影响？应如何处理？
4. 在现实生活中，有哪些铝废弃品可以利用？举例说明。

实验十九 碱式碳酸铜的制备

一、实验目的
1. 根据生成物的颜色、状态确定反应物的合理配料比、反应时间及合适温度。
2. 在最佳条件下制备碱式碳酸铜。
3. 初步培养学生独立设计实验的能力。

二、仪器、试剂
仪器：烘箱，烧杯，试管，温度计，布氏漏斗，抽滤瓶等。
试剂：$CuSO_4(s)$，$Na_2CO_3(s)$。

三、实验原理
理论上 $CuSO_4$ 和 Na_2CO_3 可以按下式反应获得 $CuCO_3 \cdot Cu(OH)_2$：
$$CuSO_4 + Na_2CO_3 \longrightarrow CuCO_3 \cdot Cu(OH)_2 \downarrow + Na_2SO_4$$
但事实上也可能会有 $Cu(OH)_2$ 产生。目标产物的纯度、外观和产率与反应的配比、温度等都有关系。

四、实验内容
1. 反应物溶液配制

配制 $0.5 mol \cdot L^{-1}$ $CuSO_4$ 溶液和 $0.5 mol \cdot L^{-1}$ Na_2CO_3 溶液（估计所需用量）。

2. 最佳实验条件的探究

(1) $CuSO_4$ 和 Na_2CO_3 溶液的配比

在四支试管内均加入 2.0mL $0.5 mol \cdot L^{-1}$ $CuSO_4$ 溶液，再分别量取不同体积的 $0.5 mol \cdot L^{-1}$ Na_2CO_3 溶液依次加入另外四支编号的试管中。将八支试管放在 75℃ 的恒温水浴中。八支试管的温度与水温一致后，依次将 $CuSO_4$ 溶液分别倒入 Na_2CO_3 溶液中，振荡试管，比较各试管中沉淀生成的速度、沉淀的数量及颜色，从中得出两种反应物溶液以何种比例相混合为最佳。

(2) 反应温度

在四支试管中，各加入 2.0mL $0.5 mol \cdot L^{-1}$ $CuSO_4$ 溶液，另取四支试管，各加入由上述实验得到的合适用量的 $0.5 mol \cdot L^{-1}$ Na_2CO_3 溶液。从这列试管中各取一支，将它们分别置于室温、50℃、75℃、100℃ 的恒温水浴中，数分钟后将 $CuSO_4$ 溶液倒入 Na_2CO_3 溶液中，振荡并观察现象，由实验结果确定制备反应的合适温度。

(3) 反应时间的探求

在一支试管中，加入 2.0mL $0.5 mol \cdot L^{-1}$ $CuSO_4$ 溶液，另取一支试管，加入由实验步骤 (1) 得到的合适用量的 $0.5 mol \cdot L^{-1}$ Na_2CO_3 溶液，然后将它们分别置于实验步骤 (2) 确定的温度的水浴中恒温数分钟，将 $CuSO_4$ 溶液倒入 Na_2CO_3 溶液中，振荡，观察不同时间的沉淀生成速度、沉淀的数量及颜色，讨论时间对反应的影响。

3. 碱式碳酸铜制备

取 50mL 0.5mol·L^{-1} CuSO$_4$ 溶液，根据上面实验确定的反应物合适比例、适宜温度、合适的反应时间制取碱式碳酸铜。待沉淀完全后，用蒸馏水洗涤数次，直到沉淀中不含 SO$_4^{2-}$ 为止，吸干。

将所得产品在烘箱中于 100℃烘干，待冷至室温后称量，计算产率。

思考题
1. 哪些铜盐适合于制取碱式碳酸铜？写出硫酸铜溶液和碳酸钠溶液反应的化学方程式。
2. 讨论反应的条件，如温度、反应物浓度及反应配料比对合成碱式碳酸铜的影响。
3. 各试管中沉淀的颜色为何会有差别？估计何种颜色产物的碱式碳酸铜含量最高。
4. 反应在何种温度下进行会出现褐色产物？这种褐色物质是什么？

实验二十 硫酸亚铁铵的制备及组成和纯度分析

一、实验目的

1. 根据有关原理及数据设计并制备复盐硫酸亚铁铵。
2. 进一步掌握水浴加热、溶解、过滤、蒸发、结晶等基本操作。
3. 了解检验产品中杂质含量的一种方法——分光光度法。

二、实验原理

硫酸亚铁铵又称摩尔盐,是浅蓝绿色单斜晶体,它能溶于水,但难溶于乙醇。在空气中不易被氧化,比硫酸亚铁稳定,所以在化学分析中可作为基准物质,用来直接配制标准溶液或标定未知溶液浓度。

由硫酸铵、硫酸亚铁和硫酸亚铁铵在水中的溶解度数据(见表20-1)可知,在一定温度范围内,硫酸亚铁铵的溶解度比组成它的每一组分的溶解度都小。因此,很容易从浓的硫酸亚铁和硫酸铵混合溶液中制得结晶状的摩尔盐 $FeSO_4 \cdot (NH_4)_2SO_4 \cdot 6H_2O$。在制备过程中,为了使 Fe^{2+} 不被氧化和水解,溶液需保持足够的酸度。

表 20-1 几种盐的溶解度   单位:g/100g H_2O

盐 \ $t/℃$	10	20	30	40
$(NH_4)_2SO_4$	73.0	75.4	78.0	81.0
$FeSO_4 \cdot 7H_2O$	37.0	48.0	60.0	73.3
$(NH_4)_2SO_4 \cdot FeSO_4 \cdot 6H_2O$	17.2	36.5	45.0	53.0

本实验是先将金属铁屑溶于稀硫酸制得硫酸亚铁溶液:

$$Fe + H_2SO_4 \longrightarrow FeSO_4 + H_2 \uparrow$$

然后加入等物质的量的硫酸铵制得混合溶液,加热浓缩至液面出现一层晶膜,冷至室温,析出硫酸亚铁铵复盐。

$$FeSO_4 + (NH_4)_2SO_4 + 6H_2O \longrightarrow FeSO_4 \cdot (NH_4)_2SO_4 \cdot 6H_2O$$

本实验采用分光光度法定量分析产品的杂质含量。具体做法是使 Fe^{3+} 在一定条件下与显色剂 KSCN 作用,生成血红色溶液,用分光光度计测定其吸光度 A,从而获得杂质 Fe^{3+} 的含量,确定产品的纯度等级。

吸光度 A 与 Fe^{3+} 浓度间的关系为:

$$A = \varepsilon b c$$

式中,A 为吸光度;ε 为摩尔吸光系数;b 为液层厚度(光程长度);c 为溶液中物质的浓度。当 ε, b 一定时,吸光度 A 与浓度 c 呈线性关系。

三、仪器、试剂及材料

仪器:分光光度计,比色管(10mL),电子天平等。

试剂及材料:$HCl(2mol \cdot L^{-1})$,$KSCN(12mol \cdot L^{-1})$ 等。

四、实验内容

1. 根据上述原理,设计出制备复盐硫酸亚铁铵的方法。

2. 列出实验所需的仪器、药品及材料。

3. 制备硫酸亚铁铵。

4. 产品检验

(1) 定性鉴定产品中的 NH_4^+、Fe^{2+}、SO_4^{2-}。

(2) Fe^{3+} 的定量分析

① A-$c_{Fe^{3+}}$ 标准曲线的绘制　用吸量管分别吸取 $0.01mg·mL$ Fe^{3+} 标准溶液 1.00mL、2.00mL、4.00mL、8.00mL 于 50mL 容量瓶中，各加入 2.00mL $2mol·L^{-1}$ HCl 溶液和 1 滴 $1mol·L^{-1}$ KSCN 溶液，用蒸馏水稀释至刻度，以试剂空白为参比液，在波长为 465nm 处，用分光光度计分别测定其吸光度 A。以 $c_{Fe^{3+}}$ 为横坐标，A 为纵坐标，作图，即为 A-$c_{Fe^{3+}}$ 工作曲线。

② 用分光光度法测定 Fe^{3+} 的含量，以确定产品纯度等级　用烧杯将蒸馏水煮沸 5min，以除去溶解的氧，盖好，冷却后备用。称取 0.400g 产品，置于 10mL 比色管中，加少量备用的除氧蒸馏水使之溶解。再加入 0.5mL 滴 $2mol·L^{-1}$ HCl 溶液和 4 滴 $1mol·L^{-1}$ KSCN 溶液，用除氧的蒸馏水稀释到 10.00mL，摇匀，用分光光度计进行比色分析，测吸光度 A。由 A-$c_{Fe^{3+}}$ 标准工作曲线上查出 $c_{Fe^{3+}}$，或根据标准工作曲线的直线方程算出 $c_{Fe^{3+}}$，再计算 $w_{Fe^{3+}}$。

质量分数 $w_{Fe^{3+}}$ 的计算及产品等级的比较标准：

$$w_{Fe^{3+}} = \frac{m_{Fe^{3+}}}{m_{产品}} = \frac{c_{Fe^{3+}} \times 10}{m_{产品} \times 1000}$$

表 20-2 列出了硫酸亚铁铵产品等级与 Fe^{3+} 的质量分数的关系。

表 20-2　硫酸亚铁铵产品等级与 Fe^{3+} 的质量分数的关系

产品等级	Ⅰ级	Ⅱ级	Ⅲ级
$w_{Fe^{3+}} \times 100$	0.005	0.01	0.02

五、提示

1. 由机械加工过程得到的铁屑表面沾有油污，可采用碱煮（Na_2CO_3 溶液，约 10min）的方法除去。

2. 在铁屑与硫酸作用的过程中，会产生大量 H_2 及少量有毒气体（如 H_2S、PH_3 等），应注意通风，避免发生事故。

3. 所制得的硫酸亚铁溶液和硫酸亚铁铵溶液均应保持较强的酸性（pH 为 1～2）。

4. 在进行 Fe^{3+} 定量分析时，应使用含有氧较少的蒸馏水来配制硫酸亚铁铵溶液。

附注

$0.01mg·mL^{-1}$ Fe^{3+} 标准溶液的配制（实验室配制）

标准 0.0863g 硫酸高铁铵$(NH_4)_2Fe_2(SO_4)_4·24H_2O$（又名铁铵矾）溶解于水，加入 0.05mL（1+1）H_2SO_4。

移入 1000mL 容量瓶中，用蒸馏水稀释到刻度，摇匀，此溶液含 Fe^{3+} 为 $0.01mg·mL^{-1}$。

思考题

1. 铁屑净化及混合硫酸亚铁和硫酸铵溶液以制备复盐时均需加热，加热时应注意什么问题？

2. 怎样确定所需的硫酸铵用量？

3. 抽滤得到硫酸亚铁铵晶体后，如何除去晶体表面上附着的水分？

4. 如何提高产率和产品质量？

实验二十一 钴(Ⅲ)氨配合物的制备和组成测定

一、实验目的

1. 掌握制备金属配合物最常见的合成方法——水溶液中的取代反应和氧化还原反应。
2. 掌握电导仪的使用方法。
3. 了解确定配合物组成的方法。

二、实验原理

取代反应是在水溶液中的一种金属盐和一种配体之间的反应。实际是用适当的配体来取代水合配离子中的水分子。Co(Ⅱ)配合物能很快地进行取代反应（是活性的），而 Co(Ⅲ)配合物的取代反应则很慢（是惰性的）。因此 Co(Ⅲ)配合物的制备一般通过 Co(Ⅱ)（实际是其水合配合物）和配体之间的一种快速反应生成 Co(Ⅱ)的配合物，然后再将其氧化为相应的 Co(Ⅲ)的配合物。

有关 Co(Ⅱ)和 Co(Ⅲ)配合物及颜色列于表 21-1 中。

表 21-1 Co(Ⅱ) 和 Co(Ⅲ) 配合物的颜色

配离子	颜色	配离子	颜色
$[Co(NH_3)_6]^{3+}$	橙黄色	$[Co(NH_3)_6]^{2+}$	黄色
$[Co(NH_3)_5Cl]^{2+}$	紫红色	$[Co(NH_3)_5H_2O]^{3+}$	粉红色
$[Co(NH_3)_3(NO_2)_3]$	黄色	$[Co(NH_3)_4CO_3]^+$	紫红色
$[Co(NO_2)_6]^{3-}$	黄色	$[Co(CN)_6]^{3-}$	黄色
$[Co(H_2O)_6]^{2+}$	粉红色	$[CoCl_4]^{2-}$	蓝色

用化学分析方法确定某配合物的组成，通常先确定配合物的外界，然后将配离子破坏来确定内界。一般采用加热或改变溶液的酸碱性来破坏内界。

本实验是对化学组成的初步推断，一般用定性、半定量甚至估量的分析方法推定配合物的化学式后，用电导仪测定一定浓度的配合物溶液的导电性，与已知电解质溶液的导电性进行对比，确定该配合物化学式中的离子个数，进一步确定化学式。

三、仪器、试剂及材料

仪器：DDS-ⅡA 型电导率仪 1 台，锥形瓶，天平。

试剂及材料：NH_4Cl，$CoCl_2$，KSCN，氨水（浓），HNO_3（浓），HCl（6mol·L^{-1}、浓），H_2O_2（30%），$AgNO_3$（2mol·L^{-1}），$SnCl_2$（0.5mol·L^{-1} 新配），奈氏试剂，戊醇，乙醚，pH 试纸，滤纸。

四、实验内容

1. Co(Ⅲ) 配合物的制备

在锥形瓶中将 1.0g NH_4Cl 溶于 6mL 浓氨水中，待完全溶解后，分数次加入 2.0g $CoCl_2$ 粉末（边加边摇动），加完后继续摇动至溶液成棕色稀浆。再滴加 2～3mL 30% H_2O_2（边加边摇动），加完后继续摇动至固体完全溶解且溶液中停止起泡时，慢慢加入 6mL 浓盐酸（边加边摇动），并在温度不超过 85℃ 条件下水浴加热 10～15min。然后室温冷却、过滤。

用 5mL 冷水分数次洗涤沉淀，接着用 5mL 冷的 6mol·L^{-1} 盐酸洗涤，产物在 105℃ 左右烘干并称重。

2. 组成的初步推断

① 将 0.3g 所制得的产物用 35mL 蒸馏水在小烧杯中溶解，混合后用 pH 试纸检验其酸碱性。

② 用烧杯取 15mL 实验步骤①中所得到混合液，慢慢滴加 2mol·L^{-1} AgNO$_3$ 溶液并搅动，直至加一滴 AgNO$_3$ 溶液后上部清液没有沉淀生成，然后过滤。往滤液中加 1~2mL 浓 HNO$_3$ 并搅动（破坏内界），再往溶液中滴加 AgNO$_3$ 溶液，观察有无沉淀。若有，与前面沉淀的量进行比较，确定内外界所含氯离子的个数。

③ 取 2~3mL 实验步骤①所得的混合液于试管中，加几滴 0.5mol·L^{-1} SnCl$_2$（为什么？）振荡后加入一粒绿豆大小的 KSCN 固体，振摇后再加入 1mL 戊醇，振荡后观察上层的颜色（为什么？）。说明外界是否含有 Co^{2+}。

④ 取 2mL 实验步骤①所得的混合液于试管中，加入少量蒸馏水得到清亮溶液后，加 2 滴奈氏试剂并观察变化。说明外界是否有 NH$_4^+$ 存在。

⑤ 将实验步骤①所剩下的混合液加热（破坏外界），观察溶液变化，直至其完全变成棕黑色后停止加热，冷却后用 pH 试纸检验溶液的酸碱性，然后过滤（必要时用双层滤纸）。取所得清液，分别做一次实验步骤③、④。观察现象与原来的有何不同。

⑥ 由上述初步推断出的化学式配制 100mL 0.01mol·L^{-1} 该配合物的溶液，用电导仪测量其电导率，然后稀释 10 倍后再测其电导率并与表 21-2 对比，由此确定其化学式中所含离子数。

表 21-2 不同电解质的电导率

电解质	类型(离子数)	电导率/S[①]	
		0.01mol·L^{-1}	0.001mol·L^{-1}
KCl	1-1 型(2)	1230	133
BaCl$_2$	1-2 型(3)	2150	250
K$_3$[Fe(CN)$_6$]	1-3 型(4)	3400	420

[①] 电导率的 SI 制单位为西门子，符号为 S，1S=1Ω^{-1}。

思考题

1. 将氯化钴加入氯化铵与浓氨水的混合液中，可发生什么反应，生成何种配合物？
2. 上述实验中加过氧化氢起何作用，如不用过氧化氢还可以用哪些物质，用这些物质有什么不好？上述实验中加浓盐酸的作用是什么？
3. 要使本实验制备的产品的产率高，你认为哪些步骤比较关键？为什么？
4. 试总结制备 Co(Ⅲ) 配合物的化学原理及制备的几个步骤。
5. 离子定性鉴定前，加酸或煮沸的目的是什么？

实验二十二 异核配合物[Co(en)$_2$Cl$_2$]$_3$[Fe(C$_2$O$_4$)$_3$]·4.5H$_2$O 的制备、组成和性能测定

一、实验目的

1. 了解异核配合物的合成方法——取代反应和氧化还原反应。
2. 掌握用离子交换树脂进行物质分离的原理和方法。
3. 了解确定配合物组成（离子鉴定、电导率）的基本原理和方法。
4. 初步了解配合物结构表征（红外光谱、X射线衍射）的基本方法。
5. 了解配合物的基本性能（如磁性和热稳定性）以及其检测方法（磁化率的测定和热重分析）。
6. 培养学生查阅资料以及综合的分析能力。

二、实验原理

$trans$-[Co(en)$_2$Cl$_2$]$_3$[Fe(C$_2$O$_4$)$_3$]异核配位化合物由制得的 K$_3$[Fe(C$_2$O$_4$)$_3$]·3H$_2$O 和 $trans$-[Co(en)$_2$Cl$_2$]Cl 配合物在一定条件下直接反应得到，其反应式为：

$$CoCl_2 \cdot 6H_2O + 2en + 0.5H_2O_2 \longrightarrow trans\text{-}[Co(en)_2Cl_2]OH + 6H_2O$$

$$trans\text{-}[Co(en)_2Cl_2]OH + HCl \longrightarrow trans\text{-}[Co(en)_2Cl_2]Cl(深绿色) + H_2O$$

$$Fe(NO_3)_3 \cdot 9H_2O + 3K_2C_2O_4 \longrightarrow K_3[Fe(C_2O_4)_3] \cdot 3H_2O(翠绿) + 3KNO_3 + 6H_2O$$

$$3trans\text{-}[Co(en)_2Cl_2]Cl + K_3[Fe(C_2O_4)_3] + 4.5H_2O \longrightarrow$$
$$trans\text{-}[Co(en)_2Cl_2]_3[Fe(C_2O_4)_3] \cdot 4.5H_2O + 3KCl$$
（绿色）

异核配位化合物是 $trans$-[Co(en)$_2$Cl$_2$]$^+$ 配阳离子和[Fe(C$_2$O$_4$)$_3$]$^{3-}$ 配阴离子组成，利用离子交换树脂可将两种配离子分离。本实验中用717阴离子树脂把[Fe(C$_2$O$_4$)$_3$]$^{3-}$ 吸附在树脂上，而 $trans$-[Co(en)$_2$Cl$_2$]$^+$ 留在溶液中；用732阳离子树脂可把 $trans$-[Co(en)$_2$Cl$_2$]$^+$ 吸附在树脂上，而[Fe(C$_2$O$_4$)$_3$]$^{3-}$ 留在溶液中。从而把双配位化合物的阴阳离子分离，这样就可以简便地分别测定其组分了。

三、仪器、试剂及材料

仪器：离子交换柱（ϕ1.0cm×120cm）2支，磁力搅拌器，温度计，DDS-ⅡA型电导率仪1台，CTP-F82型法拉第磁天平1台，LCT-1型微量差热天平1台，Bruker TENSOR 27 FT-IR 红外光谱仪1台等。

试剂及材料：

固体：732阳离子交换树脂，717阴离子交换树脂，CoCl$_2$·6H$_2$O(CP)，Fe(NO$_3$)$_3$·9H$_2$O(CP)，K$_2$C$_2$O$_4$·H$_2$O(CP)，NH$_4$F，KSCN（或 NH$_4$SCN），冰（去离子水、自来水）等。

液体：盐酸（36%～38%，3%～5%），H$_2$SO$_4$（1mol·L^{-1}），HNO$_3$（6mol·L^{-1}），H$_2$O$_2$（30%），NaOH（1mol·L^{-1}），AgNO$_3$（0.1mol·L^{-1}），KSCN（10%），KMnO$_4$（1mol·L^{-1}），SnCl$_2$（0.5mol·L^{-1}），乙二胺（10%），乙醇，乙醚，戊醇，丙酮等。

四、实验内容

1. 异核配合物的制备

(1) $K_3[Fe(C_2O_4)_3] \cdot 3H_2O$ 和 trans-$[Co(en)_2Cl_2]Cl$ 的制备

通过查阅资料并自行设计出合成以上两种简单配合物的具体实验方案,在教师指导下进行实验。

(2) 异核配位化合物 trans-$[Co(en)_2Cl_2]_3[Fe(C_2O_4)_3] \cdot 4.5H_2O$ 的制备

将 2.5g $K_3[Fe(C_2O_4)_3] \cdot 3H_2O$ 溶于 30mL 35℃温水,5.0g trans-$[Co(en)_2Cl_2]Cl$ 溶于 20mL 冰水分别得到两种溶液。过滤后将含铁的溶液在搅拌下加入含钴的溶液中。在冰浴条件下反应 10min 后析出绿色晶体,过滤后用冰水洗涤直到没有 Cl^- 存在,然后分别用乙醇和丙酮洗涤,室温干燥后称重并计算产率。

2. 异核配合物的组成分析

(1) 异核配合物的分离

称取 2 份 0.2g 的异核配合物,分别加入 4mL 蒸馏水溶解,得到相应的溶液。将其中一份溶液用 717 阴离子树脂分离出深绿色的 trans-$[Co(en)_2Cl_2]$(OH)溶液,另一份用 732 阳离子树脂分离出黄绿色的 $H_3[Fe(C_2O_4)_3]$ 溶液。

(2) 配阳离子和配阴离子的组成分析

① 离子定性检测 自行设计 Fe^{3+}、Co^{2+}、$C_2O_4^{2-}$、Cl^- 的定性分析实验检验方案。在教师指导下进行实验,并说明每个离子处在内界还是外界。

② 配离子的电荷测定 由上述结果初步推断出的化学式配制 50mL 0.01mol·L^{-1} 该异核配合物的溶液,用电导仪测量其电导率,然后稀释 10 倍后再测其电导率并与实验二十一中有关电导率数据表对比,由此确定其化学式中所含离子数,从而确定配合物的电离类型。

③ 红外光谱的测定 测定异核配合物的红外光谱,确定是否含有草酸根,以作为结构的佐证。

④ 磁化率的测定 分别测定 $K_3[Fe(C_2O_4)_3] \cdot 3H_2O$、trans-$[Co(en)_2Cl_2]Cl$ 和 trans-$[Co(en)_2Cl_2]_3[Fe(C_2O_4)_3] \cdot 4.5H_2O$ 配合物的室温磁化率,并推出配合物中的未成对电子数。

⑤ 异核配位物的热重分析 测定异核配位物的 TG、DTA,确定配合物所含的结晶水。

⑥ X 射线衍射仪测定晶体的组成和结构 通过 X 射线衍射仪测定异核配位物晶体,从谱图分析晶体的组成和结构。

五、提示

1. $K_3[Fe(C_2O_4)_3] \cdot 3H_2O$ 见光易分解,应避光保存。
2. trans-$[Co(en)_2Cl_2]Cl$ 易溶于水,过滤洗涤时所用的水和乙醇不宜太多。
3. 在加热条件下,会发生如下反应:

$$trans\text{-}[Co(en)_2Cl_2]Cl(深绿色) \longrightarrow cis\text{-}[Co(en)_2Cl_2]Cl(红紫色)$$

4. 异核配合物 trans-$[Co(en)_2Cl_2]_3[Fe(C_2O_4)_3] \cdot 4.5H_2O$ 在弱光下较稳定,而在强光下有光敏作用,逐渐变成浅褐色,需保存在棕色瓶中避免光照。
5. 在鉴定处于内界的离子时,需采用加热或改变溶液的酸碱性来破坏内界后检验。
6. 分离柱可用酸式滴定管代替,树脂高度 10cm。

实验二十二 异核配合物[Co(en)$_2$Cl$_2$]$_3$[Fe(C$_2$O$_4$)$_3$]·4.5H$_2$O 的制备、组成和性能测定

思考题

1. 在 K$_3$[Fe(C$_2$O$_4$)$_3$]·3H$_2$O 的制备实验中,是否可以用 (NH$_4$)$_2$C$_2$O$_4$·H$_2$O 代替 K$_2$C$_2$O$_4$·H$_2$O?

2. 制得纯度较高的配合物,关键的步骤是什么?

3. 如何判断离子是处在配离子的内界还是外界?

4. 在合成 trans-[Co(en)$_2$Cl$_2$]Cl 时主要的杂质是什么?如何避免。

实验二十三　含铬废水处理及含量测定

一、实验目的

1. 了解 Cr(Ⅵ) 对环境的危害。
2. 了解处理含铬废水的基本原理及过程。
3. 熟悉和巩固分光光度计的使用。
4. 掌握实验数据作图处理方法。

二、实验原理

在工业上，主要是电镀厂的镀锌、镀镍、铬盐厂和钝化处理废水产生大量含有铬离子废液。含铬废水的主要成分如表 23-1 所示。

表 23-1　含铬废水的主要成分

污染物名称	Cr(总)	Cr(Ⅵ)	Zn	Ni	Cu
浓度/mg·L^{-1}	36.5~87.2	3.01~47.8	17.4~24.7	2.9~14.4	0.3~0.5
排放标准/mg·L^{-1}	1.5	0.5	5.0	1.0	1.0

工业生产中铬盐含量是排放工业污水的重要指标，而且铬盐也是造成环境污染的因素之一。我国对于含铬废水处理方法的研究非常活跃。目前，常采用还原-沉淀法（如化学还原、电解还原-凝聚）或回收法（如离子交换、活性炭吸附、反渗透等）处理含铬废水。本实验采用铁氧体法处理含铬废水。

其基本原理是：在酸性条件下，用 Fe^{2+} 将 Cr(Ⅵ) 还原为 Cr^{3+}，然后加碱使 Fe^{3+}、Cr^{3+} 共沉淀，再迅速加热、曝气，使得沉淀物形成铁氧体结晶而除去，这也是铁氧体法。

$$Cr_2O_7^{2-} + 6Fe^{2+} + 14H^+ \rightleftharpoons 2Cr^{3+} + 6Fe^{3+} + 7H_2O \tag{1}$$

$$Cr^{3+} + 3OH^- \rightleftharpoons Cr(OH)_3 \downarrow \tag{2}$$

$$Fe^{3+} + 3OH^- \rightleftharpoons Fe(OH)_3 \downarrow \tag{3}$$

$$Fe^{2+} + 2OH^- \longrightarrow Fe(OH)_2 \downarrow \tag{4}$$

$$FeOOH + Fe(OH)_2 \rightleftharpoons FeOOHFe(OH)_2 \downarrow \tag{5}$$

$$FeOOHFe(OH)_2 + FeOOH \rightleftharpoons Fe_3O_4 \downarrow + 2H_2O \tag{6}$$

对含铬(Ⅵ)废水来说，$FeSO_4 \cdot 7H_2O$ 除一部分作为还原铬(Ⅵ)成铬(Ⅲ)外，另一部分亚铁离子需提供用于形成铁氧体。从上面化学反应式(1)可看出，还原 1mol 的 Cr(Ⅵ) 需要 3mol 的 Fe^{2+}，即：

$$3Fe^{2+} + Cr(Ⅵ) \longrightarrow 3Fe^{3+} + Cr^{3+} \tag{7}$$

其投入量比为 Fe^{2+}：Cr(Ⅵ) = 3：1。

然而要将式(7) 中 4mol 的三价离子全部变成铁氧体，就需要 2mol 的二价离子，若二价离子以铁离子计，则需 2mol 的 Fe^{2+}。因此，还原 1mol Cr^{6+} 并生成铁氧体，共需要 Fe^{2+} 量为 (3+2)mol。

处理后的废水中残留的 Cr(Ⅵ) 常采用二苯碳酰二肼分光光度法进行比色分析测定。在酸性条件下，水中 Cr(Ⅵ) 可以和二苯碳酰二肼作用产生紫红色化合物，其最大吸收波长为 540nm。

三、仪器、试剂及材料

仪器：722 型分光光度计，容量瓶或比色管（50mL，5 个），烧杯（250mL，4 只），吸量管（10mL，4 支），洗耳球，玻璃漏斗，漏斗架。

试剂及材料：含铬废水［含 Cr(Ⅵ) 约为500mg·L^{-1}］，FeSO$_4$·7H$_2$O（固体），H$_2$SO$_4$（3mol·L^{-1}），H$_3$PO$_4$（7mol·L^{-1}），NaOH（6mol·L^{-1}），H$_2$O$_2$（30%），二苯碳酰二肼，铬标准溶液（0.001mg·mL^{-1}），pH 试纸，滤纸。

四、实验内容

1. 标准曲线的绘制

向一系列 50mL 比色管中加入 0mL、0.50mL、1.00mL、2.00mL、4.00mL、6.00mL 铬标准溶液（0.001mg·mL^{-1}）各加入3mol·L^{-1} H$_2$SO$_4$ 0.5mL，7mol·L^{-1} H$_3$PO$_4$ 0.5mL，再加入 2mL 二苯碳酰二肼，用蒸馏水稀释至刻度，摇匀。于分光光度计上在吸收波长 540nm 处测量，从测得的吸光度经空白校正后，绘制吸光度对 Cr(Ⅵ) 含量的标准曲线。

2. 含铬废水处理

取 100mL 含铬废水，滴加 3mol·L^{-1} H$_2$SO$_4$ 至 pH≈2，按照含铬量投入不少于 5 倍（摩尔比）的 FeSO$_4$·7H$_2$O，不断搅拌，直至溶液呈绿色。

搅拌中加入6mol·L^{-1} NaOH，调节至 pH=11，加热至 65~80℃，滴加 3 滴 30% H$_2$O$_2$ 溶液，再搅拌 10min，静置片刻，观察沉淀，然后过滤。收集滤液，滤液应基本无色，沉淀回收。

3. 残留的 Cr(Ⅵ) 含量测定

用移液管移取 25.00mL 滤液于 50mL 容量瓶，调节 pH 值到中性，加入 3mol·L^{-1} H$_2$SO$_4$ 0.5mL，7mol·L^{-1} H$_3$PO$_4$ 0.5mL，再加入 2mL 二苯碳酰二肼，用蒸馏水稀释至刻度，摇匀。于分光光度计上在吸收波长 540nm 处测量吸光度，对应标准曲线上查得 Cr(Ⅵ) 含量 c。计算样品中残留的 Cr(Ⅵ) 含量（mg·L^{-1}）：

$$\text{Cr(Ⅵ)含量} = c \times \frac{1000}{25} (\text{mg·L}^{-1})$$

思考题

1. 实验中的共沉淀过程是哪一步？
2. 实验中调节 pH 值的意义何在？
3. 为什么要加入过氧化氢？
4. 实验所使用的玻璃仪器能否用铬酸洗液洗涤？为什么？

实验二十四　多核锰簇合物的合成及其组成分析

一、实验目的

1. 了解多核配合物的合成方法。
2. 掌握多核配合物的组成和结构确定的常见方法，如红外光谱、元素分析。
3. 了解 X 射线单晶衍射仪测定配合物单晶的组成和结构的方法。
4. 了解从文献资料中查阅所需光谱学等数据。

二、实验原理

多核配合物一般指含有两个以上金属原子的配合物，配合物中金属离子通过配位原子的桥连作用相互影响，使得多核配合物呈现出许多与单核配合物不同的物理、化学性质。近年来，配位化学领域，人们陆续合成了如分子多边形、多面体、分子螺旋等许多具有新颖结构的多核配合物，而在新型功能多核配合物的合成方面也取得了相当丰硕的进展，例如分子电子元件、分子导线、分子传感器、单分子磁体、单链磁体等。但是多核配合物的完美控制合成却因为其金属离子和有机配体本身性质及二者之间的难以准确预测而目前无法实现。现在，对于多核配合物的合成，原则上可以通过改变金属离子的种类、氧化态及有机配体的种类、柔性程度或其他的实验条件例如金属与配体的比例、体系酸度、反应时间、溶剂等方面进行探索。

有机羧酸是构建配合物的良好桥连配体之一，在多核混合价锰配合物的合成中担任重要的角色，羧基有多种配位形式，既可以桥连多个金属原子，也可以作为单齿或者双齿配体。羧酸的多核锰配合物的合成，一般选择高锰酸钾和二价锰盐做为底物，通过高锰酸根与二价锰离子的氧化还原作用而生成含有 Mn^{II}、Mn^{III} 或 Mn^{IV} 的多核配合物。相关方程式如下：

$$NBu_4Br + KMnO_4 \longrightarrow NBu_4MnO_4 + KBr$$

$$MnCl_2 + PhCO_2Na \longrightarrow Mn(PhCO_2)_2 + NaCl$$

$$NBu_4MnO_4 + Mn(PhCO_2)_2 \longrightarrow Mn_xO_y(PhCO_2)_z(H_2O)_m$$

对配合物的组成测定可以采用元素分析，对所测得的 C、H、O 的百分含量初步判断配合物的元素组成；利用红外光谱特征初步确定配体中的功能基团；用 X 射线单晶衍射法精确测定配合物的结构。

苯甲酸具有芳烃和羧酸的红外光谱特征。苯环有 $\nu_{=C-H}$ 为 $3080cm^{-1}$ 和 $1600cm^{-1}$、$1580cm^{-1}$、$1500cm^{-1}$ 及 $1450cm^{-1}$ 四指峰，而配位后的苯甲酸的红外光谱中，COOH 基团的 ν_{O-H}、$\nu_{C=O}$，羧酸二聚体的 δ_{O-H} 吸收峰均消失（羧酸通常以二聚体的形式存在），产生了 COO—基团的 ν_{as} 和 ν_s 两个新峰。配合物与苯甲酸钠相比也有较大不同。在钠盐中，羧酸根的反对称伸缩振动频率 $\nu_{as}=1552cm^{-1}$，对称伸缩振动频率 $\nu_s=1415cm^{-1}$，$\Delta\nu=137cm^{-1}$，在配合物中，COO—基团的 ν_{as} 和 ν_s 分别位于 $1527\sim1535cm^{-1}$ 和 $1406\sim1414cm^{-1}$。此外，配合物中锰离子与苯甲酸根的氧配位，会出现金属-氧键（Mn-O）的伸缩振动峰。

三、仪器、试剂

仪器：真空干燥器，烧杯（50mL 1 个，500mL 1 个），恒温磁力搅拌器，玻璃棒，布氏漏斗，抽滤瓶，红外光谱分析仪，元素分析仪。

试剂：冰乙酸，无水乙醇，乙腈，乙醚，NBu_4Br，$KMnO_4$，$MnCO_3$，$MnCl_2$，$Ph\text{-}CO_2X$（$X=Na$、H）。

四、实验内容和参考实验步骤

1. NBu_4MnO_4 的制备

将 $KMnO_4$（5.00g，31.6mmol）用 30mL 蒸馏水溶解，缓慢倒入剧烈搅拌的盛有 NBu_4Br（12.00g，37.2mmol）100mL 水溶液的烧杯中，继续搅拌半小时使其充分反应。将所得紫色沉淀减压过滤后，用蒸馏水和乙醚洗涤数次，室温下置入真空干燥器中干燥后备用。

2. 苯甲酸锰 $[Mn(PhCO_2)_2·2H_2O]$ 的合成

将苯甲酸钠（14.6g，0.1mol）溶于 75mL 蒸馏水中，加热至 80℃ 至完全溶解并恒温后，向其中加入含 $MnCl_2·2H_2O$（10.0g，0.05mol）的 75mL 水溶液，在 80℃ 下搅拌 10min 后冷却到室温，将粉红色沉淀分离出来干燥，即得苯甲酸锰。元素分析结果（理论值）：C 为 50.47，H 为 4.24。

3. $Mn_xO_y(PhCO_2)_z(H_2O)_m$ 的制备

$Mn(PhCO_2)_2$（10mmol）溶解到冰醋酸（1.5mL）和无水乙醇（20mL）的混合溶液中，搅拌的情况下将 NBu_4MnO_4（1.14g，3.15mmol）慢慢加入到混合溶液中，将得到棕黑色均一的溶液，反应 3h 后，将溶液滤去少量杂质后静置，一天后，将所得黑色沉淀用无水乙醇洗涤，在干燥器中干燥。将黑色沉淀用 50mL 乙腈溶解，室温下缓慢蒸发重结晶，数天后可得到深黑色晶体，将晶体过滤后用乙醇洗涤，在干燥器中干燥。

4. 配合物 $Mn_xO_y(PhCO_2)_z(H_2O)_m$ 的红外光谱测定

用 KBr 压片法测定产品的红外光谱，确认在 $1527\sim1414cm^{-1}$ 的几个主要峰的位置，与标准值对照比较。

五、实验要求

1. 自行选择合适比例、pH、溶剂来提高配合物 $Mn_xO_y(PhCO_2)_z(H_2O)_m$ 的产率。
2. 请尝试用苯甲酸替代苯甲酸钠来合成配合物 $Mn_xO_y(PhCO_2)_z(H_2O)_m$。
3. 请尝试用碳酸锰替代氯化锰来合成配合物 $Mn_xO_y(PhCO_2)_z(H_2O)_m$。

附注

1. 多核锰配合物的合成过程中，产物常常不是唯一的，本实验的产物中，可能会出现十二核和三核两种产物，也有可能只出现其中一种，需要对生成物进行重结晶，然后对其进行元素分析和红外表征，实验条件允许的情况下，可以进行 X 射线单晶结构分析，从而精确测定产物的结构。

2. 查阅相关资料时应注意：苯甲酸钠与苯甲酸的红外光谱图有区别，苯甲酸的羧基上有活泼 H，在 $3500cm^{-1}$ 左右有强峰。

思考题

1. NBu_4MnO_4 的制备为何要用水及无水乙醇洗涤？
2. 生成的配合物 $Mn_xO_y(PhCO_2)_z(H_2O)_m$ 为何不能用蒸馏水重结晶？

实验二十五　过渡、稀土金属配合物的合成、结构和性质测定

一、实验目的
1. 自我选题，查阅文献，独立完成所选配合物设计、合成、结构和性质检测。
2. 熟悉配合物的一般研究方法，以研究论文的书写形式完成本实验报告。
3. 培养本科低年级同学的创新思维和能力。

二、实验内容
本实验是一个综合设计研究型实验，可供选择的配合物种类如下：
① 乙酰丙酮与3d过渡金属 M(Ⅱ)(M=Mn、Fe、Co、Cu、Ni)形成的配合物；
② 水杨醛缩丙二胺、乙二胺席夫碱与3d过渡金属形成的配合物；
③ 甲酸、丙二酸、草酸与3d过渡金属形成的配合物；
④ 苯二酸、吡啶二羧酸与稀土金属（Gd、Sm、Eu、Tb）形成的配合物；
⑤ 3d过渡金属的大环配合物。

三、实验要求
1. 文献查阅

学生从上述内容中自选一个具体配合物，查阅相关配合物研究的文献资料。

2. 实验方案

根据文献资料，拟定合适的实验方案，包括制备、分离、提纯、晶体的培养措施、结构和性质测定手段与技术的实验全部步骤，并将研究方案交由指导教师审阅，教师批准后方可进行实验。

3. 目标配合物的合成

根据教师批准后的合成方案，在实验室里选择所需的实验药品和仪器、设备，合成目标配合物并进行产物的分离、提纯以及晶体的培养等过程。

4. 目标配合物的组成和结构检测

① 元素分析；
② 红外、紫外-可见光谱分析；
③ 所需其他结构和组成分析手段和方法；
④ X射线单晶结构衍射分析。

5. 目标配合物的性质的测定

① 一般物理性质的测定；
② 光学性质测定；
③ 其他化学性质测定。

6. 实验结果与讨论

思考题
1. 配合物有哪些常见的合成方法，如果采用水热合成应该注意哪些事项？
2. 水杨醛缩丙二胺、乙二胺席夫碱配合物有哪些应用？
3. 稀土金属配合物与过渡金属配合物比较有哪些结构上的差异？

实验二十六 铵盐中氮的测定（甲醛法）

一、实验目的

1. 了解甲醛法测定氮的原理。
2. 了解甲醛法在测定硫酸铵等氮肥中含氮量的应用。
3. 掌握用基准物质标定标准溶液浓度的原理和方法。
4. 巩固碱式滴定管的使用。

二、实验原理

由于 $NH_3 \cdot H_2O$ 的 $K_b^{\ominus}$ 为 1.8×10^{-5}，它的共轭酸 NH_4^+ 的 $K_a^{\ominus}$ 如下：

$$K_a^{\ominus} = \frac{K_W^{\ominus}}{K_b^{\ominus}} = 5.6 \times 10^{-10} \leqslant 10^{-8}$$

所以铵盐中氮含量不能用标准碱直接滴定，但可用间接的方法来测定。

硫酸铵的测定常用甲醛法。铵离子与甲醛可迅速化合而放出 H^+ 和质子化的六亚甲基四胺盐（$K_a^{\ominus} = 7.1 \times 10^{-6}$），其反应如下：

$$4NH_4^+ + 6HCHO == (CH_2)_6N_4H^+ + 3H^+ + 6H_2O$$
$$(CH_2)_6N_4H^+ + OH^- == (CH_2)_6N_4 + H_2O$$
$$H^+ + OH^- == H_2O$$

生成的酸与 NH_4^+ 的物质的量相同，实验中用酚酞作指示剂，用标准 NaOH 溶液滴定。

$$w_N = \frac{(cV)_{NaOH} \times 14.007}{1000 \times m_{试样}} \times 100\%$$

甲醛法也可用于测定有机物中的氮，但需先将它进行预处理，使其转化为铵盐而后再进行测定。

标准 NaOH 溶液的浓度用邻苯二甲酸氢钾（$KHC_8H_4O_4$）标定，以酚酞为指示剂，反应式为：

$$HC_8H_4O_4^- + OH^- == C_8H_4O_4^{2-} + H_2O$$

$$NaOH 溶液的浓度：c_{NaOH} = \frac{m_{KHC_8H_4O_4} \times 1000}{V_{NaOH} \times 204.22}$$

三、仪器、试剂及材料

仪器：天平，碱式滴定管。

试剂及材料：邻苯二甲酸氢钾基准物质[1]、酚酞指示剂（1%）、$(NH_4)_2SO_4$ 试样（s）、甲醛中性水溶液（40%）。

四、实验内容

1. $0.1 mol \cdot L^{-1}$ NaOH 溶液的标定

准确称取邻苯二甲酸氢钾 0.4~0.5g 三份，各置于 250mL 的锥形瓶中，每份加入 50mL 的水使其全部溶解，再加入 1~2 滴酚酞指示剂，用待标定的 NaOH 溶液滴定至微红色半分钟不褪色为终点。计算出 NaOH 溶液的浓度 c_{NaOH}。

注意：三份溶液平行测定的相对平均偏差应不超过 0.15%。

2. 样品的测定

在 0.15~0.2g 范围内准确称量 $(NH_4)_2SO_4$ 试样三份，分别置于 250mL 的锥形瓶中，加入 50mL 蒸馏水使其全部溶解，再加 40% 的甲醛中性水溶液 5mL[2]，1 滴酚酞指示剂，充分摇动后、静置 1min 使反应完全，最后用 0.1mol·L^{-1} NaOH 标准溶液滴定至粉红色。

五、数据记录和处理

氢氧化钠溶液浓度的标定

数据记录与计算	测定序号	1	2	3	数据记录与计算	测定序号	1	2	3
$KHC_8H_4O_4$ 质量/g					NaOH 溶液的浓度/mol·L^{-1}				
NaOH 操作液	终读数/mL				平均值/mol·L^{-1}				
	初读数/mL				相对平均偏差				
	净用量 V/mL								

样品的测定

数据记录与计算	测定序号	1	2	3	数据记录与计算	测定序号	1	2	3
试样质量/g					N 的含量				
NaOH 操作液	终读数/mL				平均值				
	初读数/mL				相对平均偏差				
	净用量/mL								

附注

[1] 邻苯二甲酸氢钾基准物质用前需在烘箱内（105~110℃）烘干至恒重，取出后，置于干燥器内保存（注意烘干温度不要超过 125℃）。

[2] 甲醛溶液中常含有微量甲酸，必须预先以酚酞为指示剂，用 0.1mol·L^{-1} NaOH 溶液中和至呈粉红色后方可使用。

思考题

1. 除用邻苯二甲酸氢钾为基准物质标定 NaOH 溶液浓度外，还可用何种方法标定？
2. 本实验为什么用酚酞作指示剂？能否用甲基橙指示剂？
3. $(NH_4)_2SO_4$ 能否用标准碱溶液来直接滴定？为什么？
4. 能否用甲醛法来测定 NH_4NO_3、NH_4Cl 和 NH_4HCO_3 中的含氮量？
5. 如果用锥形瓶直接称量样品，所称的量超过所需的量，能否直接用药匙取出锥形瓶中的样品？应如何处理？

实验二十七 水中钙、镁含量的测定

一、实验目的
1. 掌握配位滴定的基本原理、方法和计算。
2. 掌握铬黑 T、钙指示剂的使用条件和终点变化。
3. 巩固酸式滴定管的使用。

二、实验原理
配位滴定法是以配位化学反应为基础的化学分析方法。配位滴定法对化学反应的要求是：定量、迅速、配位比恒定、产物稳定、溶于水。含有氨羧基的 EDTA 是少数几个符合上述条件的螯合剂。

用 EDTA 测定 Ca^{2+}、Mg^{2+} 时，通常在两个等分溶液中分别测定 Ca^{2+} 量以及 Ca^{2+} 和 Mg^{2+} 的总量，Mg^{2+} 量则从两者所用 EDTA 量的差数求出。

在测定 Ca^{2+} 时，先用 NaOH 调节溶液到 pH=12～13，使 Mg^{2+} 生成难溶的 $Mg(OH)_2$ 沉淀。加入钙指示剂与 Ca^{2+} 配位呈红色。滴定时，EDTA 先与游离 Ca^{2+} 配位，然后夺取已和指示剂配位的 Ca^{2+}，使溶液的红色变成蓝色为终点。从 EDTA 标准溶液用量可计算 Ca^{2+} 的含量。

测定 Ca^{2+}、Mg^{2+} 总量时，在 pH=10 的缓冲溶液中，以铬黑 T 为指示剂，用 EDTA 滴定。因稳定性 CaY^{2-}＞MgY^{2-}＞MgIn＞CaIn，铬黑 T 先与部分 Mg^{2+} 配位为 MgIn（酒红色）。而当 EDTA 滴入时，EDTA 首先与 Ca^{2+} 和 Mg^{2+} 配位，然后再夺取 MgIn 中的 Mg^{2+}，使铬黑 T 游离，因此到达终点时，溶液由酒红色变为天蓝色。从 EDTA 标准溶液的用量，即可以计算样品中的钙镁总量，然后换算为相应的硬度单位。

各国对水的硬度的表示方法各有不同。其中德国硬度是较早的一种，也是被我国采用较普遍的硬度单位之一，它以度数计，1°表示 1L 水中含 10mg CaO。为方便起见，我国也常以 $mg·L^{-1}$ 来表示。也有些国家采用 $CaCO_3$ 的含量单位以 $mg·L^{-1}$ 来表示硬度。

三、仪器、试剂及材料
仪器：移液管（50mL），容量瓶（250mL）。

试剂及材料：NaOH（$1mol·L^{-1}$），$NH_3·H_2O$-NH_4Cl 缓冲溶液（pH=10），铬黑 T 指示剂，钙指示剂，EDTA 溶液，水样。

四、实验内容
1. Ca^{2+} 的测定

用移液管准确吸取 25.00mL 水样于 250mL 容量瓶，加水定容。再用移液管吸取已稀释水样 25.00mL 于 250mL 锥瓶中，加 50mL 蒸馏水，6mL $1mol·L^{-1}$ NaOH（pH=12～13）、4～5 滴钙指示剂（或绿豆大小的固体）。用 EDTA 溶液滴定，不断摇动锥形瓶，当溶液变为纯蓝色时，即为终点[1,2]。记下所用体积 V_1。用同样方法平行测定三份。

2. Ca^{2+}、Mg^{2+} 总量的测定

准确吸取已稀释的水样 25mL 于 250mL 锥形瓶中，加入 50mL 蒸馏水、5mL $NH_3·$

H_2O-NH_4Cl 缓冲溶液,绿豆大小的铬黑 T 指示剂。用 EDTA 溶液滴定,当溶液由酒红色变为纯蓝色时,即为终点。记下所用体积 V_2。用同样方法平行测定三份。

按下式分别计算 Ca^{2+}、Mg^{2+} 总量(以 CaO 含量表示,单位为 $mg·L^{-1}$)及 Ca^{2+} 和 Mg^{2+} 的分量(单位为 $mg·L^{-1}$)。

$$CaO 含量 = \frac{c\overline{V}_2 \times M_{CaO} \times 1000}{25} \times \frac{250}{25}$$

$$Ca^{2+} 含量 = \frac{c\overline{V}_1 \times M_{Ca} \times 1000}{25} \times \frac{250}{25}$$

$$Mg^{2+} 含量 = \frac{c(\overline{V}_2 - \overline{V}_1) \times M_{Mg} \times 1000}{25} \times \frac{250}{25}$$

式中,c 为 EDTA 的浓度,$mol·L^{-1}$;$\overline{V}_1$ 为三次滴定 Ca^{2+} 量所消耗 EDTA 的平均体积,mL;$\overline{V}_2$ 为三次滴定 Ca^{2+}、Mg^{2+} 总量所消耗 EDTA 的平均体积,mL。

五、数据记录和处理

Ca^{2+} 含量的测定

数据记录与计算	测定序号	1	2	3	数据记录与计算	测定序号	1	2	3
EDTA 操作液	终读数/mL				偏差				
	初读数/mL				平均值				
	净用量/mL				相对平均偏差				
Ca^{2+} 的浓度/$mol·L^{-1}$					Ca^{2+} 的含量/$mg·L^{-1}$				

Ca^{2+}、Mg^{2+} 总量的测定

数据记录与计算	测定序号	1	2	3	数据记录与计算	测定序号	1	2	3
EDTA 操作液	终读数/mL				平均值				
	初读数/mL				相对平均偏差				
	净用量/mL				Ca^{2+}、Mg^{2+} 总的含量/$mg·L^{-1}$				
Ca^{2+}、Mg^{2+} 总的浓度/$mol·L^{-1}$					Mg^{2+} 的含量/$mg·L^{-1}$				
偏差									

附注

[1] 当试液中 Mg^{2+} 的含量较高时,加入 NaOH 后,产生 $Mg(OH)_2$ 沉淀,使结果偏低或终点不明显(因沉淀吸附指示剂之故),可将溶液稀释后测定。

[2] 注意终点的判断,终点是所有紫色消失,出现纯蓝色。

思考题

1. 如果只有铬黑 T 指示剂,能否测定 Ca^{2+} 的含量?如何测定?

2. Ca^{2+}、Mg^{2+} 与 EDTA 的配合物,哪个稳定?为什么滴定 Mg^{2+} 时要控制 pH=10,而 Ca^{2+} 则需控制 pH=12~13?

3. 测定的水样中若含有少量 Fe^{3+}、Cu^{2+} 时,对终点会有什么影响?如何消除其影响?

4. 若在 pH>13 的溶液中测定 Ca^{2+} 时会怎么样?

实验二十八　过氧化氢含量的测定

一、实验目的

1. 掌握高锰酸钾溶液的配制方法和测定原理。
2. 掌握用高锰酸钾法测定过氧化氢含量的原理和方法。
3. 进一步熟悉移液管及容量瓶的正确使用方法。
4. 了解有色溶液滴定的读数方法。

二、实验原理

H_2O_2 在酸性溶液中很容易被 $KMnO_4$ 氧化而生成氧气和水，其反应如下：

$$5H_2O_2 + 2MnO_4^- + 6H^+ = 2Mn^{2+} + 8H_2O + 5O_2$$

在一般的工业分析中，常用 $KMnO_4$ 标准溶液测 H_2O_2 的含量，由反应式可知，H_2O_2 在反应中氧化数变化为 2。

$KMnO_4$ 溶液不稳定，不能直接配制，必须通过标定确定其准确浓度。如果长期使用，必须定期标定。$Na_2C_2O_4$ 不含结晶水，容易制得纯品，不吸潮，是常用的标定 $KMnO_4$ 标准溶液的基准物质。相应的反应如下：

$$5C_2O_4^{2-} + 2MnO_4^- + 16H^+ = 2Mn^{2+} + 8H_2O + 10CO_2$$

在生物化学中，常利用此法间接测定过氧化氢酶的活性。例如，血液中存在的过氧化氢酶能使过氧化氢分解，所以用一定量的 H_2O_2 与其作用，然后在酸性条件下用标准 $KMnO_4$ 溶液滴定残余的 H_2O_2，就可以了解酶的活性。

三、仪器、试剂及材料

仪器：500mL 烧杯，微孔玻璃漏斗过滤，三个 250mL 锥形瓶，10mL 移液管，250mL 容量瓶。

试剂及材料：H_2O_2 样品，$KMnO_4$（0.02mol·L^{-1}）标准溶液，H_2SO_4（3mol·L^{-1}），$Na_2C_2O_4$（s、分析纯），$MnSO_4$（0.1mol·L^{-1}）。

四、实验内容

称取 1.6g $KMnO_4$ 固体于 500mL 烧杯中，加 500mL 水使之溶解，在电炉上加热至沸并保持 30min，静置过夜，用微孔玻璃漏斗过滤，滤液存于棕色瓶子备用（也可以先由实验室工作人员准备）。

在三个 250mL 锥形瓶中准确称取 0.15～0.20g $Na_2C_2O_4$ 三份，加入 40mL 水，分别加入 10mL 3mol·L^{-1} H_2SO_4，加热至 70～85℃，趁热用 $KMnO_4$（0.02mol·L^{-1}）标准溶液滴定至微红色，30s 不褪色为终点。平行滴定三次。

用移液管吸取 10mL H_2O_2 样品（约为 3%），置于 250mL 容量瓶中，加水稀释至标线。混合均匀。吸取 25mL 稀释液三份，分别置于三个 250mL 锥形瓶中，各加 5mL 3mol·L^{-1} H_2SO_4，2 滴 $MnSO_4$ 溶液，用 $KMnO_4$ 标准溶液滴定之。

计算未经稀释样品中 H_2O_2 的含量。

五、数据记录和处理

$KMnO_4$ 溶液浓度的标定

数据记录与计算	测定序号	1	2	3	数据记录与计算	测定序号	1	2	3
$Na_2C_2O_4$ 质量/g					$KMnO_4$ 溶液的浓度/mol·L^{-1}				
$KMnO_4$ 操作液	终读数/mL				偏差				
	初读数/mL				平均值/mol·L^{-1}				
	净用量/mL				相对平均偏差				

H_2O_2 的含量的测定

数据记录与计算	测定序号	1	2	3	数据记录与计算	测定序号	1	2	3
$KMnO_4$ 操作液	终读数/mL				偏差				
	初读数/mL				平均值				
	净用量/mL				相对平均偏差				
H_2O_2 溶液的浓度/mol·L^{-1}					稀释前 H_2O_2 的含量/mol·L^{-1}				

思考题

1. 氧化还原法测定 H_2O_2 的基本原理是什么？$KMnO_4$ 与 H_2O_2 反应的摩尔比是多少？计算 H_2O_2 含量的公式。

2. 用 $KMnO_4$ 法测定 H_2O_2 时，为什么要在 H_2SO_4 酸性介质中进行，能否用 HCl 来代替？

3. 用 $Na_2C_2O_4$ 为基准物质标定 $KMnO_4$ 溶液时，应注意哪些反应条件？

第三部分 附 录

附录1 常用酸碱浓度

试剂名称	密度/g·mL^{-1}	质量分数/%	物质的量浓度/mol·L^{-1}	试剂名称	密度/g·mL^{-1}	质量分数/%	物质的量浓度/mol·L^{-1}
硫酸	1.84	98	18	氢溴酸	1.38	40	7
盐酸	1.19	38	12	氢碘酸	1.70	57	7.5
硝酸	1.4	68	16	冰醋酸	1.05	99	17.5
磷酸	1.7	85	14.7	浓氢氧化钠	1.44	41	约14.4
高氯酸	1.67	70	11.6	浓氨水	0.91	约28	14.8
氢氟酸	1.13	40	23	氢氧化钙水溶液			0.15

附录2 常见沉淀物的pH值

(1) 金属氧化物沉淀物的pH（包括形成羟基配离子的大约值）

氢氧化物	开始沉淀时的pH		沉淀完全时pH（残留离子浓度<10^{-5}mol·L^{-1}）	沉淀开始溶解时的pH	沉淀完全溶解时的pH
	初浓度[M^{n+}]				
	1mol·L^{-1}	0.01mol·L^{-1}			
Sn(OH)$_4$	0	0.5	1	13	15
TiO(OH)$_2$	0	0.5	2.0	—	—
Sn(OH)$_2$	0.9	2.1	4.7	10	13.5
ZrO(OH)$_2$	1.3	2.3	3.8	—	—
HgO	1.3	2.4	5.0	11.5	—
Fe(OH)$_3$	1.5	2.3	4.1	14	—
Al(OH)$_3$	3.3	4.0	5.2	7.8	10.8
Cr(OH)$_3$	4.0	4.9	6.8	12	15
Be(OH)$_2$	5.2	6.2	8.8		
Zn(OH)$_2$	5.4	6.4	8.0	10.5	12～13
Ag$_2$O	6.2	8.2	11.2	12.7	
Fe(OH)$_2$	6.5	7.5	9.7	13.5	
Co(OH)$_2$	6.6	7.6	9.2	14.1	
Ni(OH)$_2$	6.7	7.7	9.5		
Cd(OH)$_2$	7.2	8.2	9.7		
Mn(OH)$_2$	7.8	8.8	10.4		
Mg(OH)$_2$	9.4	10.4	12.4	14	
Pb(OH)$_2$		7.2	8.7	—	13
Ce(OH)$_4$		0.8	1.2	10	
Th(OH)$_4$		0.5			
Tl(OH)$_3$		约0.6	约1.6	—	—
H$_2$WO$_4$		约0	约0		
H$_2$McO$_4$				约8	约9
稀土		6.8～8.5	约9.5	—	—
H$_2$UO$_4$		3.6	5.1	—	—

(2) 沉淀金属硫化物的 pH

pH	沉淀的金属离子
1	Cu^{2+}、Ag^+、Au^+、Cd^{2+}、Hg^{2+}、Ge^{2+}、Sn^{2+}、Pb^{2+}、As^{3+}、Sb^{3+}、Bi^{3+}、Pd^{2+}、Pt^{2+}
2～3	Zn^{2+}、Tl^+、In^{3+}、Ga^{3+}
5～6	Co^{2+}、Ni^{2+}
>7	Mn^{2+}、Fe^{2+}

(3) 在水溶液中硫化物能沉淀时酸的最高浓度

硫化物	Ag_2S	HgS	CuS	Sb_2S_3	Bi_2S_3	SnS_2	CdS	PbS	SnS	ZnS	CoS	NiS	FeS	MnS
盐酸浓度/mol·L^{-1}	12	7.5	7.0	3.7	2.5	2.3	0.7	0.35	0.30	0.02	0.001	0.001	0.0001	0.00008

附录3　常见离子和化合物的颜色

(1) 离子

① 无色离子

Na^+、K^+、NH_4^+、Mg^{2+}、Ca^{2+}、Sr^{2+}、Ba^{2+}、Al^{3+}、Sn^{2+}、Sn^{4+}、Pb^{2+}、Bi^{3+}、Ag^+、Zn^{2+}、Cd^{2+}、Hg_2^{2+}、Hg^{2+} 等阳离子。

$B(OH)_4^-$、$B_4O_7^{2-}$、$C_2O_4^{2-}$、Ac^-、CO_3^{2-}、SiO_3^{2-}、NO_3^-、NO_2^-、PO_4^{3-}、AsO_3^{3-}、AsO_4^{3-}、$[SbCl_6]^{3-}$、$[SbCl_6]^-$、SO_3^{2-}、SO_4^{2-}、S^{2-}、$S_2O_3^{2-}$、F^-、Cl^-、ClO_3^-、Br^-、BrO_3^-、I^-、SCN^-、$[CuCl_2]^-$、TiO^{2+}、VO_3^-、MoO_4^{2-}、WO_4^{2-} 等阴离子。

② 有色离子

离子	$[Cu(H_2O)_4]^{2+}$	$[CuCl_4]^{2-}$	$[Cu(NH_3)_4]^{2+}$
颜色	浅蓝色	黄色	深蓝色
离子	$[Ti(H_2O)_6]^{3+}$	$[Ti(H_2O)_6]^{2+}$	$[TiO(H_2O_2)]^{2+}$
颜色	紫色	绿色	橘黄色
离子	$[V(H_2O)_6]^{2+}$	$[V(H_2O)_6]^{3+}$	VO^{2+}
颜色	紫色	绿色	蓝色
离子	VO_2^-、VO_4^{3-}	$[VO_2(O_2)_2]^{3-}$	$[V(O_2)]^{3+}$
颜色	浅黄色	黄色	深红色
离子	$[Cr(H_2O)_6]^{2+}$	$[Cr(H_2O)_6]^{3+}$	$[Cr(H_2O)_5Cl]^{2+}$
颜色	蓝色	紫色	浅绿色
离子	$[Cr(H_2O)_4Cl_2]^+$	$[Cr(NH_3)_2(H_2O)_4]^{3+}$	$[Cr(NH_3)_3(H_2O)_3]^{3+}$
颜色	暗绿色	紫红色	浅红色
离子	$[Cr(NH_3)_4(H_2O)_2]^{3+}$	$[Cr(NH_3)_5(H_2O)]^{3+}$	$[Cr(NH_3)_6]^{3+}$
颜色	橙红色	橙黄色	黄色
离子	CrO_2^-	CrO_4^{2-}	$Cr_2O_7^{2-}$
颜色	亮绿色	黄色	橙红色

续表

离子	$[Mn(H_2O)_6]^{2+}$	MnO_4^{2-}	MnO_4^-
颜色	肉色	绿色	紫红色
离子	$[Fe(H_2O)_6]^{2+}$	$[Fe(H_2O)_6]^{3+}$	$[Fe(CN)_6]^{4-}$
颜色	浅绿色	淡紫色	黄色
离子	$[Fe(CN)_6]^{3-}$	$[Fe(NCS)_n]^{3-n}$	$[Co(H_2O)_6]^{2+}$
颜色	浅橘黄色	血红色	粉红色
离子	$[Co(NH_3)_6]^{2+}$	$[Co(NH_3)_6]^{3+}$	$[CoCl(NH_3)_5]^{2+}$
颜色	黄色	橙黄色	红紫色
离子	$[Co(NH_3)_5(H_2O)]^{3+}$	$[Co(NH_3)_4CO_3]^+$	$[Co(CN)_6]^{3-}$
颜色	粉红色	紫红色	紫色
离子	$[Co(SCN)_4]^{2-}$	$CoCl_4^{2-}$	$[Ni(NH_3)_6]^{2+}$
颜色	蓝色	蓝色	蓝色
离子	$[Ni(H_2O)_6]^{2+}$	I_3^-	
颜色	亮绿色	浅棕黄色	

(2) 化合物

① 氧化物

化合物	CuO	Cu_2O	Ag_2O	ZnO	CdO	Hg_2O
颜色	黑色	暗红色	暗棕色	白色	棕红色	黑褐色
化合物	HgO	TiO_2	VO	V_2O_3	VO_2	V_2O_5
颜色	红色或黄色	白色	亮灰色	黑色	深蓝色	红棕色
化合物	Cr_2O_3	CrO_3	MnO_2	MoO_2	WO_2	FeO
颜色	绿色	红色	棕褐色	铅灰色	棕红色	黑色
化合物	Fe_2O_3	Fe_3O_4	CoO	Co_2O_3	NiO	Ni_2O_3
颜色	砖红色	黑色	灰绿色	黑色	暗绿色	黑色
化合物	PbO	Pb_3O_4				
颜色	黄色	红色				

② 氢氧化物

氢氧化物	$Zn(OH)_2$	$Pb(OH)_2$	$Mg(OH)_2$	$Sn(OH)_2$	$Sn(OH)_4$	$Mn(OH)_2$
颜色	白色	白色	白色	白色	白色	白色
氢氧化物	$Fe(OH)_2$	$Fe(OH)_3$	$Cd(OH)_2$	$Al(OH)_3$	$Bi(OH)_3$	$Sb(OH)_3$
颜色	白色或苍绿色	红棕色	白色	白色	白色	白色
氢氧化物	$Cu(OH)_2$	CuOH	$Ni(OH)_2$	$Ni(OH)_3$	$Co(OH)_2$	$Co(OH)_3$
颜色	浅蓝色	黄色	浅绿色	黑色	粉红色	褐棕色
氢氧化物	$Cr(OH)_3$					
颜色	灰绿色					

第三部分　附录

③ 卤化物

氯化物	AgCl	Hg_2Cl_2	$PbCl_2$	CuCl	$CuCl_2$	$CuCl_2 \cdot 2H_2O$
颜色	白色	白色	白色	白色	棕色	蓝色
氯化物	$Hg(NH_2)Cl$	$CoCl_2$	$CoCl_2 \cdot H_2O$	$CoCl_2 \cdot 2H_2O$	$CoCl_2 \cdot 6H_2O$	$FeCl_3 \cdot 6H_2O$
颜色	白色	蓝色	蓝紫色	紫红色	粉红色	黄棕色
氯化物	$TiCl_3 \cdot 6H_2O$	$TiCl_2$				
颜色	紫色或绿色	黑色				
溴化物	AgBr	$AsBr_3$	$CuBr_2$			
颜色	淡黄色	浅黄色	黑紫色			
碘化物	AgI	Hg_2I_2	HgI_2	PbI_2	CuI	SbI_3
颜色	黄色	黄绿色	红色	黄色	白色	红黄色
碘化物	BiI_3	TiI_4				
颜色	绿黑色	暗棕色				

④ 卤酸盐

卤酸盐	$Ba(IO_3)_2$	$AgIO_3$	$KClO_4$	$AgBrO_3$
颜色	白色	白色	白色	白色

⑤ 硫化物

硫化物	Ag_2S	HgS	PbS	CuS	Cu_2S	FeS
颜色	灰黑色	红色或黑色	黑色	黑色	黑色	棕黑色
硫化物	Fe_2S_3	CoS	NiS	Bi_2S_3	SnS	SnS_2
颜色	黑色	黑色	黑色	黑褐色	褐色	金黄色
硫化物	CdS	Sb_2S_3	Sb_2S_5	MnS	ZnS	As_2S_3
颜色	黄色	橙色	橙红色	肉色	白色	黄色

⑥ 硫酸盐

硫酸盐	Ag_2SO_4	Hg_2SO_4	$PbSO_4$	$CaSO_4 \cdot 2H_2O$	$SrSO_4$
颜色	白色	白色	白色	白色	白色
硫酸盐	$BaSO_4$	$[Fe(NO)]SO_4$	$Cu_2(OH)_2SO_4$	$CuSO_4 \cdot 5H_2O$	$CuSO_4 \cdot 7H_2O$
颜色	白色	深棕色	浅蓝色	蓝色	红色
硫酸盐	$Cu_2(SO_4)_3 \cdot 6H_2O$	$Cu_2(SO_4)_3$	$Cu_2(SO_4)_3 \cdot 18H_2O$	$KCr(SO_4)_2 \cdot 12H_2O$	
颜色	绿色	蓝色或红色	蓝紫色	紫色	

⑦ 碳酸盐

碳酸盐	Ag_2CO_3	$CaCO_3$	$SrCO_3$	$BaCO_3$	$MnCO_3$
颜色	白色	白色	白色	白色	白色
碳酸盐	$CdCO_3$	$Zn_2(OH)_2CO_3$	$BiOHCO_3$	$Hg_2(OH)_2CO_3$	$Co_2(OH)_2CO_3$
颜色	白色	白色	白色	红褐色	白色
碳酸盐	$Cu_2(OH)_2CO_3$	$Ni_2(OH)_2CO_3$			
颜色	暗绿色	浅绿色			

⑧ 磷酸盐

磷酸盐	Ca_3PO_4	$CaHPO_3$	$Ba_3(PO_4)_2$	$FePO_4$	Ag_3PO_4	NH_4MgPO_4
颜色	白色	白色	白色	浅黄色	黄色	白色

⑨ 铬酸盐

铬酸盐	Ag_2CrO_4	$PbCrO_4$	$BaCrO_4$	$FeCrO_4 \cdot 2H_2O$
颜色	砖红色	黄色	黄色	黄色

⑩ 硅酸盐

硅酸盐	$BaSiO_3$	$CuSiO_3$	$CoSiO_3$	$Fe_2(SiO_3)_3$	$MnSiO_3$	$NiSiO_3$	$ZnSiO_3$
颜色	白色	蓝色	紫色	棕红色	肉色	翠绿色	白色

⑪ 草酸盐

草酸盐	CaC_2O_4	$Ag_2C_2O_4$	$FeC_2O_4 \cdot 2H_2O$
颜色	白色	白色	黄色

⑫ 类卤化合物

类卤化合物	$AgCN$	$Ni(CN)_2$	$Cu(CN)_2$	$CuCN$	$AgSCN$	$Cu(SCN)_2$
颜色	白色	浅绿色	浅棕黄色	白色	白色	黑绿色

⑬ 其他含氧酸盐

含氧酸盐	NH_4MgAsO_4	Ag_3AsO_4	$Ag_2S_2O_3$	$BaSO_3$	$SrSO_3$
颜色	白色	红褐色	白色	白色	白色

⑭ 其他化合物

化合物	$Fe^{III}[Fe^{II}(CN)_6]_3 \cdot 2H_2O$	$Cu_2[Fe(CN)_6]$	$Ag_3[Fe(CN)_6]$
颜色	蓝色	红褐色(红棕色)	橙色
化合物	$Zn_3[Fe(CN)_6]_2$	$Co_2[Fe(CN)_6]$	$Ag_4[Fe(CN)_6]$
颜色	黄褐色	绿色	白色
化合物	$Zn_2[Fe(CN)_6]$	$K_3[Co(NO_2)_6]$	$K_2Na[Co(NO_2)_6]$
颜色	白色	黄色	黄色
化合物	$(NH_4)_2Na[Co(NO_2)_6]$	$K_2[PtCl_6]$	$KHC_4H_4O_6$
颜色	黄色	黄色	白色
化合物	$Na[Sb(OH)_6]$	$Na[Fe(CN)_5NO] \cdot 2H_2O$	$NaAc \cdot Zn(Ac)_2 \cdot 3[UO_2(Ac)_2] \cdot 9H_2O$
颜色	白色	红色	黄色
化合物	$\begin{bmatrix} & Hg & \\ O & & NH_2 \\ & Hg & \end{bmatrix}$	$\begin{bmatrix} I-Hg \\ \quad\quad NH_2 \\ I-Hg \end{bmatrix}$	$(NH_4)_2MoS_4$
颜色	红棕色	深褐色或红棕色	血红色

附录4 实验室常用试剂溶液的配制

试 剂	浓度/mol·L^{-1}	配 制 方 法
BiCl$_3$	0.1	溶解 31.6g BiCl$_3$ 于 330mL 6mol·L^{-1} HCl 中,加水稀释至 1L
SbCl$_3$	0.1	溶解 22.8g SbCl$_3$ 于 330mL 6mol·L^{-1} HCl 中,加水稀释至 1L
SnCl$_2$	0.1	溶解 22.6g SnCl$_2$·2H$_2$O 于 330mL 6mol·L^{-1} HCl 中,加水稀释至 1L,加入数粒纯锡,以防氧化
Hg(NO$_3$)$_2$	0.1	溶解 33.4g Hg(NO$_3$)$_2$·$\frac{1}{2}$H$_2$O 于 0.6mol·L^{-1} HNO$_3$ 中,加水稀释至 1L
Hg$_2$(NO$_3$)$_2$	0.1	溶解 56.1g Hg$_2$(NO$_3$)$_2$·$\frac{1}{2}$H$_2$O 于 0.6mol·L^{-1} HNO$_3$ 中,加水稀释至 1L,并加入少许金属汞
(NH$_4$)$_2$CO$_3$	1	96g 研细的 (NH$_4$)$_2$CO$_3$ 溶于 1L 2mol·L^{-1} 氨水
(NH$_4$)$_2$SO$_4$	饱和	50g (NH$_4$)$_2$SO$_4$ 溶于 100mL 热水,冷却后过滤
FeSO$_4$	0.5	溶解 69.5g FeSO$_4$·7H$_2$O 于适量水中,加入 5mL 18mol·L^{-1} H$_2$SO$_4$,用水稀释至 1L,置入小铁钉数枚
Na[Sb(OH)$_6$]	0.1	溶解 12.2g 锑粉于 50mL 浓 HNO$_3$ 微热,使锑粉全部作用成白色粉末,用倾析法洗涤数次,然后加入 50mL 6mol·L^{-1} NaOH 使之溶解,稀释至 1L
Na$_3$[Co(NO$_2$)$_6$]	0.1	溶解 230g NaNO$_2$ 于 500mL 水中,加入 165mL 6mol·L^{-1} HAc 和 30g Co(NO$_3$)$_2$·6H$_2$O 放置 24h,取其清液,稀释至 1L,保存在棕色瓶中。此溶液应呈橙色,若变成红色,表示已分解,应重新配制
Na$_2$S	2	溶解 240g Na$_2$S·9H$_2$O 和 40g NaOH 于水中,稀释至 1L
(NH$_4$)$_6$Mo$_7$O$_{24}$·4H$_2$O	0.1	溶解 124g (NH$_4$)$_6$Mo$_7$O$_{24}$·4H$_2$O 于 0.5L 水中,将所得溶液倒入 0.5L 6mol·L^{-1} HNO$_3$ 中,放置 24h,取其澄清溶液
(NH$_4$)$_2$S	3	取一定量氨水,将其平均分配成两份,把其中一份通入 H$_2$S 至饱和,而后与另一份氨水混合
K$_3$[Fe(CN)$_6$]		取铁氰化钾约 0.7~1g 溶解于水中,稀释至 100mL(使用前临时配制)
铬黑T		将铬黑T和烘干的 NaCl 按 1:100 的比例研细,均匀混合,储于棕色瓶中
镍试剂		溶解 10g 镍试剂于 1L 95% 的酒精中
镁试剂		溶解 0.01g 镁试剂于 1L 1mol·L^{-1} NaOH 溶液中
铝试剂		1g 铝试剂溶于 1L 水中
镁铵试剂		将 100g MgCl$_2$·6H$_2$O 和 100g NH$_4$Cl 溶于水中,加 50mL 浓氨水,用水稀释至 1L
二苯胺		将 1g 二苯胺在搅拌下溶于 100mL 密度为 1.84g·mL^{-1} 硫酸或 100mL 1.7g·mL^{-1} 磷酸中(该溶液可保存较长时间)
奈氏试剂		溶解 115g HgI$_2$ 和 80g KI 于水中,稀释至 500mL,加入 500mL 6mol·L^{-1} NaOH 溶液,静置后取其清液,保存在棕色瓶中
Na$_2$[Fe(CN)$_5$NO]		10g 亚硝酰铁氰酸钠溶解于 100mL H$_2$O 中,保存在棕色瓶中,如果溶液变绿就不能用了
格里斯试剂		① 在加热下溶解 0.5g 对氨基苯磺酸于 50mL 30% HAc 中,储于暗处保存; ② 将 0.4g α-萘胺与 100mL 水混合煮沸,在从蓝色渣滓中倾出的无色溶液中加入 6mL 80% HAc,使用前将①、②两液体等体积混合
打萨宗(二苯缩氨硫脲)		溶解 0.1g 打萨宗于 1L CCl$_4$ 或 CHCl$_3$ 中
甲基红		每 L 60% 乙醇中溶解 2g
甲基橙	0.1%	每 L 水中溶解 1g
酚酞		每 L 90% 乙醇中溶解 1g
溴甲酚蓝(溴甲酚绿)		0.1g 该指示剂与 2.9mL 0.05mol·L^{-1} NaOH 一起搅匀,用水稀释至 250mL 或每升 20% 乙醇中溶解 1g 该指示剂
石蕊		2g 石蕊溶于 50mL 水中,静置一昼夜后过滤.在溶液中加 30mL 95% 乙醇,再加水稀释至 100mL
氯水		在水中通入气直至饱和,该溶液使用时临时配制
溴水		在水中滴入液溴至饱和
碘液	0.01	溶解 1.3g 碘和 5g KI 于尽可能少量的水中,加水稀释至 1L
品红溶液		0.01% 的水溶液
淀粉溶液	0.2%	将 0.2g 淀粉和少量冷水调成糊状,倒入 100mL 沸水中,煮沸后冷却即可
NH$_3$-NH$_4$Cl 缓冲溶液		20g NH$_4$Cl 溶于适量水中,加入 100mL 氨水(密度 0.9g·mL^{-1}),混合后稀释至 1L,即为 pH=10 的缓冲溶液

附录 5 危险药品的分类、性质和管理

(1) 危险药品

是指受光、热、空气、水或撞击等外界因素的影响,可能会引起燃烧、爆炸的药品,或具有强腐蚀性、剧毒性的药品。常用危险药品按危险性可分为以下几类来管理。

类别		举例	性质	注意事项
爆炸品		硝酸铵、苦味酸、三硝基甲苯	遇高热摩擦、撞击等,引起剧烈反应,放出大量气体和热量,产生猛烈爆炸	存放于阴凉、低处,轻拿、轻放
易燃品	易燃液体	丙酮、乙醚、甲醇、乙醇、苯等有机物	沸点低、易挥发,遇火则燃烧,甚至引起爆炸	存放于阴凉处,远离热源;使用时注意通风,不得有明火
	易燃固体	赤磷、硫、硝化纤维	燃点低,受热、摩擦、撞击或遇氧化剂,可引起剧烈连续燃烧、爆炸	存放于阴凉处,远离热源;使用时注意通风,不得有明火
	易燃气体	氢气、乙炔、甲烷	因撞击、受热引起燃烧;与空气按一定比例混合,则会爆炸	使用时注意通风;如为钢气瓶,不得在实验室存放
	遇水易燃品	钠、钾	遇水剧烈反应,产生可燃气体并放出热量,此反应热会引起燃烧	保存于煤油中,切勿与水接触
	自燃物品	黄磷	在适当温度下被空气氧化、放热,达到燃点而引起自燃	保存于水中
氧化剂		硝酸钾、氯酸钾、过氧化氢、高锰酸钾	具有强氧化性,遇酸,受热与有机物、易燃品、还原剂等混合时,因反应引起燃烧或爆炸	不得与易燃品、爆炸品、还原剂等一起存放
剧毒品		氰化钾、三氧化二砷、升汞、氯化钡、六六六	剧毒,少量侵入人体(误食或接触伤口)引起中毒,甚至死亡	专人、专柜保管,现用现领,用后的剩余物,不论是固体或液体都应交回保管人,并应设有使用登记制度
腐蚀性药品		强酸、氟化氢、强碱、溴、酚	具有强氧化性,触及物品造成腐蚀、破坏,触及人体皮肤,引起化学烧伤	不要与氧化剂、易燃品、爆炸品放在一起

(2) 剧毒药品

中华人民共和国公安部 1993 年发布并实施《中华人民共和国公安安全行业标准 GA 58—93》,将剧毒药品分为 A、B 两级。

剧毒药品急性毒性分级标准

级别	口服剧毒物品的半致死量/$mg \cdot kg^{-1}$	皮肤接触剧毒物品的半致死量/$mg \cdot kg^{-1}$	吸入剧毒品粉尘、烟雾的半致死浓度/$mg \cdot L^{-1}$	吸入剧毒物品液体的蒸汽或气体的半致死浓度/$cm^3 \cdot m^{-3}$
A	≤5	≤40	≤0.5	≤1000
B	5~50	40~200	0.5~2	≤3000(A 级除外)

A 级无机剧毒药品品名表

品名	别名	品名	别名	品名	别名
氰化钠	山奈	氰化钾	山奈钾	氰化钙	
氰化钡		氰化铅		氰化钴	
氰化钴钾	钴氰化钾	氰化镍		氰化镍钾	氰化钾镍
氰化铜	氰化高铜	氰化亚铜		氰化汞	氰化高汞
氰化汞钾	氰化钾汞,汞氰化钾	氧氰化汞	氰氧化汞	氰化锌	
氰化镉		氰化银		氰化银钾	银氰化钾
氰化金钾		氰化铈		氰化氢(液化)	无水氢氰酸

续表

品 名	别 名	品 名	别 名	品 名	别 名
氯化氰	氰化氯,氰钾腈	氰化溴	溴化氰	三氧化(二)砷	白砒、砒霜、亚砷酸酐
三氯化砷	氯化亚砷	五氧化(二)砷	砷(酸)酐	亚砷酸钠	偏亚砷酸钠
硒酸钠		硒酸钾		亚硒酸钾	
氧氯化硒	氯化亚硒酰,二氯氧化硒	氧化镉		氯化汞	氯化高汞,二氯化汞
羰基镍	四羰基镍,四碳酰镍	五羰基铁	羰基铁	叠氮化钠	
叠氮化钡		叠氮酸		黄磷	白磷
磷化钠		磷化钾		磷化铝	
磷化铝农药		磷化镁	二磷化三镁	氯(液化)	液氯
氰(液化)		氟(液化)		磷化氢	磷化三氢,膦
砷化氢	砷化三氢,胂	锑化氢	锑化三氢	硒化氢	
六氟化钨		六氟化碲		六氟化硒	
五氟化磷		三氟化氯		三氟化磷	
四氟化硫		四氟化硅	氟化硅	五氟化氯	
氯化溴		溴化羰	溴光气	二氟化氧	
二氧化氯		二氧化硫(液化)	亚硫酸酐	四氧化二氮(液化)	二氧化氮
一氧化氮		氟化氢(无水)	无水氢氟酸		

B级无机剧毒药品品名表

品 名	别 名	品 名	别 名	品 名	别 名
叠氮化钡		叠氮酸		黄磷	白磷
碘化氢		砷		亚砷酸钙	
亚砷酸锶		亚砷酸钡		亚砷酸铁	
亚砷酸铜		亚砷酸银		亚砷酸锌	
亚砷酸铅		亚砷酸锑		乙酰亚砷酸铜	祖母绿;翡翠绿
砷酸		偏砷酸		焦砷酸	
砷酸铵		砷酸钠	砷酸三钠	偏砷酸钠	
砷酸氢二钠		砷酸二氢钠		砷酸氢二钾	
砷酸二氢镁		砷酸二氢钙		砷酸二氢钡	
砷酸二氢铁		砷酸二氢亚铁		砷酸二氢铜	
砷酸二氢银		砷酸二氢锌		砷酸二氢汞	砷酸氢汞
砷酸二氢铅		砷酸二氢锑		三氟亚砷	氟化亚砷
三溴亚砷	溴化亚砷	三碘亚砷	碘化亚砷	二氧化硒	亚硒酐
亚硒酸		亚硒酸氢钠		亚硒酸镁	
亚硒酸钙		亚硒酸钡		亚硒酸铝	
亚硒酸铜		亚硒酸银		亚硒酸铈	
硒酸钡		硒酸铜	硒酸高铜	硒化铁	

续表

品 名	别 名	品 名	别 名	品 名	别 名
硒化锌		硒化镉		硒化铅	
氯化硒	二氯化三硒	四氯化硒		溴化硒	二溴化三硒
四溴化硒		氯化铊		铊	金属铊
氧化亚铊	一氧化二铊	氧化铊	三氧化二铊	氢氧化铊	
氢氧化亚铊		氯化亚铊		溴化亚铊	
碘化亚铊		三碘化铊		硫酸亚铊	
碳酸亚铊		磷酸亚铊		铍	铍粉
氧化铍		氢氧化铍		氯化铍	
碳酸铍		硫酸铍		硫酸铍钾	
铬酸铍		氟铍酸铵	氟化铍铵	氟铍酸钠	
四氧化锇	锇酸酐	氯锇酸铵	氯化锇铵	五氧化二钒	钒酸酐
钒酸钾		偏钒酸钾		偏钒酸钠	
偏钒酸铵		聚钒酸铵	多钒酸铵	聚钒酸钠	多钒酸钠
三氯化钒		砷化汞		硝酸汞	硝酸高汞
氰化汞		碘化汞		氧化汞	黄降汞;红降汞
亚碲酸钠		亚硝基铁氰化钠	硝普钠	磷化锌	
溴		溴化氢		锗烷	
三氟化硼		三氯化硼(液化)			

（3）化学实验室毒品管理规定

① 实验室使用毒品和剧毒品（无论 A 类或 B 类毒品）应预先计算使用量，按用量到毒品库领取，尽量做到用多少领多少。使用后剩余毒品应送回毒品库统一管理。毒品库对领出和退回毒品要详细登记。

② 实验室在领用毒品和剧毒品后，由两位教师（辅导人员）共同负责保证领用毒品的安全管理，实验室建立毒品使用账目，账目包括：药品名称、领用日期、领用量、使用日期、使用量、剩余量、使用人签名、两位管理人签名。

③ 实验室使用毒品时，如剩余量较少且近期仍需使用存放实验室内，此药品必须放于实验室毒品保险柜内。钥匙由两位管理教师掌管，保险柜上锁和开启均须两人同时在场。实验室配制有毒药品溶液时也应按用量配制，该溶液的使用、归还和存放也必须履行使用账目登记制度。

主要参考文献

1. 北京师范大学无机化学教研室等编. 无机化学实验. 第3版. 北京：高等教育出版社，2002
2. 中山大学等校编. 无机化学实验. 第4版. 北京：高等教育出版社，2001
3. 大连理工大学无机教研室编. 无机化学实验. 第2版. 北京：高等教育出版社，2004
4. 南京大学《无机及分析化学实验》编写组. 无机及分析化学实验. 第4版. 北京：高等教育出版社，2006
5. 吴建中主编. 无机化学实验. 北京：化学工业出版社，2008
6. 武汉大学化学与分子科学学院实验中心编. 无机及分析化学实验. 第3版. 武汉：武汉大学出版社，2001
7. 董元彦主编. 无机及分析化学. 第2版. 北京：科学出版社，2005
8. 浙江大学普通化学教研组编. 普通化学实验. 第3版. 北京：高等教育出版社，1996
9. 武汉大学等五校编. 分析化学. 北京：人民教育出版社，1978
10. 毛海荣主编. 无机化学实验. 南京：东南大学出版社，2006
11. 高剑南，戴立益主编. 现代化学实验基础. 上海：华东师范大学出版社，1998
12. 王伯康主编. 新编中级无机化学实验. 南京：南京大学出版社，1998
13. G S Buil, G H Searle. J Chem Educ, 1986, 63
14. 刘洪范主编. 化学实验基础. 济南：山东科学技术出版社，1981
15. 李君主编. 综合化学实验. 西安：西北大学出版社，2003
16. 浙江大学，南京大学，北京大学，兰州大学主编. 综合化学实验. 北京：高等教育出版社，2001
17. 日本化学会. 无机化合物合成手册，北京：化学工业出版社，1988